胡长秀 张官亮——著

决胜制海权

航母海战史

华中科技大学出版社
http://press.hust.edu.cn
中国·武汉

图书在版编目(CIP)数据

决胜制海权：航母海战史 / 胡长秀，张官亮著. —武汉：华中科技大学出版社，2023.1
ISBN 978-7-5680-9064-3

Ⅰ．①决… Ⅱ．①胡… ②张… Ⅲ．①航空母舰—海战—战争史—世界 Ⅳ．①E925.671-091

中国国家版本馆CIP数据核字（2023）第011720号

决胜制海权：航母海战史　　　　　　　　　　　胡长秀　张官亮　著
Juesheng Zhihaiquan:Hangmu Haizhanshi

策划编辑：	亢博剑　田金麟
责任编辑：	田金麟
封面设计：	璞茜设计
责任校对：	李　琴
责任监印：	朱　玢
出版发行：	华中科技大学出版社（中国·武汉）　　电话：（027）81321913
	武汉市东湖新技术开发区华工科技园　　邮编：430223
印　　刷：	湖北新华印务有限公司
开　　本：	880mm×1230mm　1/32
印　　张：	9.25
字　　数：	214千字
版　　次：	2023年1月第1版第1次印刷
定　　价：	42.00元

本书若有印装质量问题，请向出版社营销中心调换
全国免费服务热线：400-6679-118　　竭诚为您服务
版权所有　侵权必究

前　言

　　航空母舰是人类历史上迄今为止个头最庞大、结构最复杂、威力最强大的武器平台。一艘超级航空母舰可以搭载上百架高性能战斗机和支援飞机，这个机群可以控制数百海里范围的海域，摧毁任何闯入这个区域的敌人，无论这些敌人是从空中、海面还是水下袭来。这种无与伦比的战斗力远远超出了其他任何常规武器，让航空母舰成为现代海战中当仁不让的"巨无霸"。

　　当战列舰主宰大洋的时候，飞机作为海上作战辅助工具，仅仅扮演着"侦察"的角色。随着英国皇家海军和美国人贝利·米切尔的不断探索实践，充分证明飞机在海上作战中能够起到至关重要的作用，既可保护己方舰艇，又可攻击敌舰。

　　从1918年以来，航空母舰在艰难曲折中不断发展壮大，特别是其作战能力得到了极大提升。航空母舰所积聚的能量在第二次世界大战中得到充分展现。1940年，英军空袭意大利塔兰托港；1941年，日军偷袭珍珠港；1941年马来海战，英军的一艘战列巡洋舰（"反击"号）、一艘战列舰（"威尔士亲王"号），在很短时间内先后被日本海军舰载机击沉。正是在这三大事件中，航空母舰凭借其得天独厚的攻击力和机动性强的特点，让那些固守"巨舰大炮"观念的人们真正见识了航空母舰所拥有的其他兵力兵器难以企及的、无法匹敌的作战威力，并为之彻底臣服。以此为契机，世界各军事强国相继建造了真正意义上的航空母舰，现代舰载机技术也不断发展进步，其中就包括用于投射飞机的弹射器以及帮助飞机在甲板降落的拦阻索。

作为一种重要战略武器平台，航空母舰在第二次世界大战中的出色表现，确立了它直到今天仍不可撼动的"海上霸主"地位。中途岛海战、菲律宾海战以及莱特湾海战，航空母舰都扮演了主角，创下赫赫战绩。日本人在丧失了太平洋上的航空母舰优势地位之后，更是无力阻挡美国陆军和海军陆战队发起的一波又一波的两栖攻击和两栖登陆，美军在1941—1942年期间沦陷的那些岛屿一个接一个地被收复。经过1944年的菲律宾海战之后，日本海军中经验丰富的舰载机飞行员几乎丧失殆尽，穷途末路的日本军国主义距离最终的覆亡已经为时不远。在战争期间的大西洋和地中海海域，尤其是在保卫马耳他、抵抗轴心国空袭的战役中，航空母舰同样发挥了不可替代的重要作用。从此，"巨舰大炮"休矣，航空母舰在海军作战中的地位达到前所未有的高度，雄踞海军战略的核心位置。

第二次世界大战后，航空母舰的地位和作用进一步确立和巩固。英阿马岛海战、海湾战争、科索沃战争以及伊拉克战争的实践均充分表明，无论是在传统作战领域，还是未来海空作战行动中，航空母舰已然成为现代战争的主力与核心。不仅如此，在非传统军事领域，航空母舰也扮演着日益多样化的角色。

从20世纪第一艘改装航空母舰的横空出世至今，在过去的一百多年时间里，世界强国海军的发展始终聚焦于航空母舰，无论是在20世纪两次世界大战刀光剑影的海上战场，还是20世纪80年代以来波诡云谲的局部战争中，航空母舰都成为领先科技力量的典型代表。目前，更是有不少国家加入研制和建造航空母舰或"准航空母舰"的行列，航空母舰必将得到更加广泛的运用。

然而，航空母舰再强大终归只是一件海战武器，是否拥有它，以及需要多少艘，取决于一国海军需要在哪里作战和需要打多大规模的战斗。而这些又取决于支配这支海军行动的海洋战略，取决于一个国家最顶层的大战略和终极目标。

目 录
CONTENTS

第一章　海上活动机场的应运而生 1
　第一节　战争形态的演变 4
　第二节　航空母舰的诞生 10
　第三节　从改装到设计 19
第二章　奇袭塔兰托 27
　第一节　塔兰托军港 30
　第二节　坎宁安的创新 34
　第三节　夜袭塔兰托 40
第三章　突袭珍珠港 47
　第一节　一个赌徒的赌局 50
　第二节　南云忠一的舰队 56
　第三节　"虎！虎！虎！" 61
第四章　珊瑚海海战 67
　第一节　日本的野心 70
　第二节　寻找对手 75
　第三节　激战珊瑚海 81

第五章　中途岛海战 87
第一节　"AF"方位迷局 90
第二节　布局：山本五十六VS尼米兹 93
第三节　南云忠一的误判 98
第四节　迎接灭顶之灾 102
第五节　反击与逃亡 106

第六章　东所罗门群岛海战 111
第一节　战前态势 114
第二节　日军计划 118
第三节　美军计划 121
第四节　逐鹿东所罗门 123

第七章　圣克鲁斯海战 133
第一节　战前部署 136
第二节　侦察接触 142
第三节　血腥互殴 147

第八章　马里亚纳群岛战役 153
第一节　庞大的海战阵容 156
第二节　密集的长空厮杀 162
第三节　日落前的突袭 166

第九章　莱特湾大海战 173
第一节　重返菲律宾 176
第二节　锡布延海海空战 181
第三节　苏里高海峡之战 186
第四节　恩加诺角海战 189
第五节　萨马岛海战 192

第十章　英阿马岛之战 ... 197
第一节　百年恩怨 ... 200
第二节　万里奔袭 ... 205
第三节　殊死较量 ... 212
第四节　胜败已分 ... 215

第十一章　局部战争中的海上巨兽 ... 221
第一节　对付利比亚的锋利尖刀 ... 224
第二节　海湾战争中控制制海权 ... 229
第三节　突袭阿富汗 ... 235
第四节　"自由伊拉克"行动打头阵 ... 239

第十二章　世界部分国家的航空母舰发展历程 ... 245
第一节　美国——一家独大 ... 248
第二节　英国——缓缓"落日" ... 256
第三节　日本——旧梦难圆 ... 261
第四节　法国——苦苦支撑 ... 266
第五节　俄罗斯——雄风不再 ... 270
第六节　意大利、印度等国家航空母舰概况 ... 273

主要参考书籍 ... 279

后记 ... 283

第一章

海上活动机场的应运而生

1918年9月，英国海军将"百眼巨人"号舰艇改装成世界上第一艘航空母舰，至今，航空母舰诞生已过百年。它从最初被人质疑的附属舰种，逐渐发展成为海上作战的浮动机场，无可争议地登上水面舰艇霸主地位，被誉为海上"巨无霸"。一个世纪以来，航空母舰从一个不被人看好的"丑小鸭"迅速变身为令人趋之的"白天鹅"，其发展速度之快、吨位之大、运用之广，令世人瞩目。那么，它究竟经历了怎样的"前世"与"今生"呢？

第一节　战争形态的演变

19世纪以来，随着蒸汽机、钢铁制造业等大机器产业飞速发展，工业革命的大部分成果开始在军事领域尤其是军队建设和武器装备中显现出来。1829年，奥地利人发明了实用船舶螺旋桨，开创了军舰使用蒸汽机的新时代，使得海战无须依赖自然风力，更重要的是，它可以驱动更大吨位的舰船去大洋征战了。1849年，法国建造出世界第一艘以蒸汽机为辅助动力装置的战列舰——"拿破仑"号，成为海军蒸汽动力战列舰的先驱。1853年至1856年的克里米亚战争，土耳其海军与沙俄舰队交火，木壳战舰损失惨重，给英、法海军带来了不小的心理震撼，使他们产生了为战舰安装防护装甲的想法。1859年，法国建造了排水量5630吨的"光荣"号战列舰。1860年，英国建造了排水量9137吨的"勇士"号战列舰。这两艘军舰外面包覆铁质装甲，被视作世界上最初的两艘蒸汽装甲舰。第一次铁甲舰对决出现在美国内战中的1862年。从此，铁甲舰成为海洋新霸主。出于远洋和作战的需要，如何让舰船装甲越来越厚、吨位越来越大、速度越来越快，成为各国舰船设计师们需要思考和解决的问题。造船业因此飞速发展。

1906年2月，英国人率先造出了一座海上钢铁堡垒——"无畏"号战列舰，它的排水量达17900吨，防护更全面，炮塔、机舱、弹药库、司令塔等关键部位的装甲厚度达到280毫米，舰体舯部装甲带最厚处也是280毫米，舰体全部包覆，到两端（首尾）部分为64毫米。从工业革命中产生并发展起来的铁甲舰、战列舰、巡洋舰和驱逐舰等钢铁巨舰横行于世界海洋，打遍天下无敌手，特别是庞大的战列舰编队为大英帝国的"日不落"地位的建立立下汗马功劳，致使"巨舰大炮制胜"观念和理论深入政治家和军事家们的头脑。

伴随着钢铁巨舰的迅猛发展，机枪、坦克、潜艇和飞机等新型武器装备也在短期内迅速涌现，让人们眼花缭乱的同时，那些坚持"巨舰大炮"才是制胜不二法门的保守人士，无论如何都不能想象，时速只有几十公里，靠手枪、步枪射击或投炸药包的攻击方式能对钢铁巨舰构成什么威胁，简直就是以卵击石、蚍蜉撼树，不自量力啊！然而，新生事物就是这样，有人反对有人喜欢。类似马汉、米切尔、杜黑、富勒等一批思维敏捷、观念前卫的有识之士，对于新涌现出来的武器装备，却是青眼有加。他们对保守潮流进行了毫不留情的理论抨击，认为飞机和潜艇的双重威胁，将使战列舰的海上优势丧失，相反，新型装备将在空中与水下、地面与水面形成广阔的战场，在未来战争中发挥巨大作用。飞机的出现，会让一个国家传统的海陆防线变得完全无用，因为飞机可以直接进入对手的本土或心脏地带，对其纵深进行空中打击，并可以在极短的时间内完成。

飞机和潜艇作为20世纪初出现在战场上的两种新式装备，将当时的作战空间分别拓展到了空中和水下，使持续了数千年的以水面和地面为主体的平面作战空间呈现出立体化。人们开始意识到，飞机、潜艇在作战中的运用，必将令水面舰艇面临的空中和水下威胁增大，海上的钢铁堡垒靠不住了。那么，这是否意味着一定要淘汰水面舰艇呢？回答是否定的。这绝不意味着水面舰艇在飞机和潜艇面前就一筹莫展、百无一用，只能成为飞机和潜艇的靶子，相反，要提升海军作战能力，必须开辟新的途径！于是，军事家和舰船设计师们做出了一个大胆的设想——将飞机装备到舰船上，让飞机从舰船上起飞和降落，形成舰机结合的全新作战模式！

1909年，法国发明家克雷曼·阿德在其专著《军事飞行》中，以天才的想象绘制出飞机与战舰结合图像的雏形，并在书中描述了机舰结合的广阔使用前景，在军舰上驾驶飞机必须拥有的条件，包括军舰必须具备一定的高航速以便于飞机在军舰上起降，适于飞机起降的宽敞平坦甲板，贮藏飞机的机库和调运飞机的升降机，等等。这简直就是一幅建造这种新式舰艇的迷人蓝图！

此书一经面世，立即引起强国海军界的普遍关注。处于快速崛起中的美国海军，决心使用这种新式舰艇改变海战模式，并加快着手这方面的试验。早在1908年，美国海军就提出了让飞机上舰的试验计划，但是，高额的试验经费和无法预见的实用前景，让实用主义至上的美国政府不可能为海军增拨军费，以致计划一出笼便被冷落。然而，美国不乏勇敢的冒险家和热情的探索者。就在飞机由军舰上起飞的设想遭到官方冷落的同时，一位美国航空界的先驱者，用自己的实干再次燃起了人们心中的希望，他就是格伦·柯蒂斯。在完成一次飞行之后，格伦·柯蒂斯真切地体会到：因战列舰设计的局限性，飞机无法直接从舰上起飞，而舰艇又不能缺少飞机的保护。他由此断言，未来战争必将在空中进行。他甚至向美国海军当局提出组建航空兵的建议。对此，他进行了验证性试验。在纽约州的一个湖中，他放置了一艘模拟靶船，并亲自驾机对其进行轮番轰炸。在投下的22枚炸弹中，有15枚击中，命中率接近70%。柯蒂斯的成功试验，让美、英、法等国军事当局看到了某种希望，更刺激了他们成为世界海军强国的野心。

美国人再次走在了前面。当时的世界环境普遍看重"巨舰大炮"的威力，美国也不例外，但就在此时，德国人突然宣布，计划让飞机从一艘邮轮的前甲板平台上起飞投递邮件，确保邮件投递更加快速。这个消息让一向争强好胜的美国人"浮想联翩"，美国人最先发明了飞机，如果让德国人抢在前面驾驶飞机从船上起飞，在这一领域领先，那是美国人无论如何都不能接受的。于是，美军立即决定在新型巡洋舰"伯明翰"号上进行飞机起飞试验。他们说服飞机设计专家格伦·柯蒂斯专门为其研制适用于海军军舰起降的飞机。

1910年11月14日，一个初冬之日，晴空万里，这天距离美国莱特兄弟第一次架机飞向蓝天仅仅7年。

改装了木制跑道甲板的"伯明翰"号上，一架"柯蒂斯"式单座双翼民用飞机正在待机，民间职业飞行员尤金·埃利担任此次试飞员。然而，天有不测风云，就在飞机准备起飞的那天，天公不作美，现场突然狂风大作，大雨如注，海面上更是波涛汹涌。面对突如其来的坏天气，极富好奇心和冒险精神的埃利沉着冷静，毅然决定按计划试飞。他认真做好起飞的各项准备后，未等军舰完全起锚航行，就驾驶飞机沿着5度斜坡的跑道加速向前滑去，但是，由于跑道太短，飞机未能达到必需的起飞速度和升力，在脱离甲板的瞬间越飞越低，机头直往下扎，几乎是径直向海面冲去！危急时刻，埃利凭借稳定的心理素质和娴熟的技能，小心翼翼地安全降落在了附近的一处海滩上。

埃利的首次起飞试验，既没有借助舰速，也没有借助弹射装置，但是起飞成功了！这证明飞机能从军舰起飞。然而，美国人并不满足于这次试验的成功，他们认为这样的成功对未来海战没有太多实际意义，因为他们还不能让飞机在军舰上安全起飞和降落。

美国海军决定进行飞机着舰试验。

两个月后，试验在旧金山海湾展开。还是尤金·埃利，还是那架"柯蒂斯"单座双翼机，只是试验用舰船换成了重型巡洋舰"宾夕法尼亚"号，因为飞机着舰要比起飞难得多，为此，美军对这艘重型巡洋舰进行了改装：在舰尾铺设了一条长约36米、宽约9.6米的木质跑道；在跑道四周加装木质护板，避免飞机冲出跑道；在跑道末端加装拦阻网，防止飞机撞到军舰上层建筑；在甲板横向设置钩索，用沙袋系住每道钩索两端，同时在飞机的轮架上装3个挂钩，以便降落时能勾住拦阻索中的任意一根，确保迅速降低飞机着舰的速度。值得注意的是，这个拦阻创意看似简单，却是一项重大发明。多年来，军舰、飞机的设计和构造日新月异，这个拦阻装置却作为后来航空母舰的标配一直被使用着，只是沙袋被液压制动器替代了。

身为富有经验的职业飞行员，出于职业习惯和安全考虑，埃利本人对这次更具挑战的试验也是格外用心，做了更加充分的准备。正式试验前，他仿照舰艇环境，先在陆地上多次进行模拟训练，并改进了相关设备，其中最重要的一项就是将飞机挂钩改为弹簧挂钩，确保总有一个挂钩能钩住拦阻索。为防止发生意外，起飞前，埃利还将两条自行车内胎缠绑在胸部作为救生圈。

万事俱备，按照计划，试验在1911年1月18日这天进行，距离埃利驾驶飞机从军舰首次起飞只有短短2个月。这天天气依然不良，海面风大浪涌，而就在起飞前，由于风向改变，"宾夕法尼亚"号成了顺风停航，埃利的飞机也只能顺风着舰，这意味着飞机降落的相对速度非但不会减小，反而会加大，对飞行员的技术要求更高，操作难度更大。然而，埃利不愧是职业飞行员，再次凭借高超技艺和过人胆略，驾驶飞机从附近海岸起飞，沉稳地操纵着飞机，飞行19公里后，将飞行高度降至距离战舰几十米处，然后审时度势，将飞机转到舰尾，修正航向，正对风向，在距战舰跑道外伸板大约15米时，关停发动机，压低机尾，先后勾住了11根拦阻索，减速滑跑一段距离后，让飞机平稳地停在了距离跑道前端约9米处。1小时后，埃利再次起飞，然后在岸基安全降落。

埃利先后成功地使飞机在战舰上起飞和降落，实现了飞机与军舰的历史性拥抱，为航空母舰的诞生和发展提供了可行的条件，奠定了基础。

第二节 航空母舰的诞生

航空母舰的诞生并不顺利,可谓历尽挫折,几经磨难。

埃利两次飞行试验的成功,标志着美国人在海军航空发展史上率先迈出了第一步,遗憾的是,由于受当时占统治地位的"巨舰大炮"观念束缚,美国人并没有将这一开创性事业继续下去。其他不少国家,尤其是各海军大国,如英国、法国、日本等,虽然对此试验产生了极大的兴趣和关注,也看到了其在军事领域的运用前景,但对于"在军舰上起降飞机"的做法并不看好,反而武断地认为,把现役军舰甲板改装成供飞机起飞降落用的跑道,就必须拆除军舰上的一些大炮,必然会使舰艇的作战能力大幅下降。海军强国们经过反复思量,决定研制水上飞机及其母舰。于是,英国、法国甚至日本相继把战列舰、巡洋舰、大型商船、鱼雷艇母舰改装成"载机舰",竞相登场。

相比其他国家,在航空母舰发展的历史进程中,英国在航空母舰设计制造和实战运用方面取得的成就,为航空母舰技术的发展写下了浓墨重彩的一笔,对现代战争模式也产生了深远的影响。

作为拥有当时世界上最强大海军舰队的英国,对于飞机上舰前景的认识更加深刻和敏感，行动也更加坚决和积极。他们虽然在飞机离、着舰方面比美国人起步晚，却率先将飞机与海军结合，创造了一个新的兵种——海军航空兵，并在从第一次世界大战爆发前直到第一次世界大战爆发时的一段时间，始终热衷和痴迷于发展水上飞机母舰，也因此为真正航空母舰的诞生做出了不可磨灭的贡献。

1912年12月底，时任英国海军大臣的丘吉尔签发命令，要求将"竞技神"号轻巡洋舰改装成水上飞机母舰，由此成为航空母舰问世的发端。

"竞技神"号的改装和试验主要有以下几个方面：一是将舰载飞机机翼改成可折叠式，以方便将其放入军舰前甲板帆布机库里；二是进行飞机夜间飞行试验、空中搜索潜艇试验、空中投掷炸弹试验；三是进行飞机与军舰之间的无线电通信试验，但是由于硬件设备的质量和容量不足，这项试验进行得很不顺利。这些试验为后来真正航空母舰的建造积累了有益的经验。

"竞技神"号是历史上第一艘按照"载机舰"设想改建的母舰，但它并不能被称为真正的航空母舰，甚至连水上飞机母舰都算不上，不仅仅因为它的飞机起降时都离不开水面，更重要的是飞机的吊放和回收都要在停航状态下才能完成。尽管弊端明显，但英国人依然热衷于这种改装，并非常看好水上飞机的运用前景。

在"竞技神"号改装之后，1914年，英国人又将一艘运煤船改装为"皇家方舟"号水上飞机母舰，该舰可以算作英军第一艘水上飞机母舰。因为它集中了以往所有改装和试验的长处，重新设计了动力装置，把烟囱和舰桥移向舰尾，腾出了更长的起飞甲板，拥有真正意义上的机库，可停放10架飞机，比此前改装的

"竞技神"号明显进步。但它仍然存在根本性缺陷，比如航速太慢，只有10多节，无法满足飞机从甲板上起飞的要求，从水面吊放和回收飞机的工作烦琐，等等，依然难以适应复杂多变的作战要求。但是，英国人并没有因此放慢发展水上飞机母舰的步伐。第一次世界大战爆发后，他们更是加快改建的速度，前后共改建10余艘水上飞机母舰，并成功地将之运用到战争中。

英国人改装水上母舰取得的巨大成就，引起其他国家的高度关注，法、日、意、德等国也争先恐后地展开改建工程。

虽然英国对改装和发展水上飞机母舰功勋卓著，但世界上首个使用水上飞机母舰的国家却不是英国而是法国。1910年4月，在时任法国海军部长、海军上将奥古斯特的建议下，法国成立了海军航空兵发展委员会，研究水上飞机在海战中的作用，并在当年11月下达命令：改装一艘巡洋舰充当水上飞机母舰实验平台。接受改装的是1895年服役的"闪电"号鱼雷艇母舰，法国人将舰首武装拆除，安装了一具机械式弹射器。1911年11月29日，"闪电"号在土伦外海成功弹射了一架沃桑·瓦赞"鸭"式水上飞机，世界上第一艘水上飞机母舰和世界上第一架成功运用的舰队水上飞机的记录由法国人在此奠定。1932年，法国又建成一艘能搭建20余艘水上飞机的母舰"特斯特司令官"号。但让人匪夷所思的是，该舰于1942年11月被凿沉于土伦港，不久打捞出水改作运输船，后又于1950年被拆解。

日本也是在水上飞机母舰改建方面起步较早的国家之一。1913年至1914年，日本人将从日俄战争中缴获的英国商船"若宫"号改装完成，一战后又改装了2艘，第二次世界大战爆发后，还建造了几艘水上飞机母舰，用于侵华战争和太平洋战争。

在第一次世界大战期间，意大利海军其实颇能追赶潮流，1914年底，英国"皇家方舟"号水上飞机母舰服役后，意大利海军便立刻购买了一艘商船，并将其改装成了类似舰种，命名为"欧罗巴"号。不过，能够携带8架水上飞机的"欧罗巴"号与其称为水上飞机母舰，倒不如称为多功能补给舰——因为实际使用中，其一般只会携带4架飞机，而且主要任务是为潜艇提供补给，官方分类也是水上飞机与潜艇支援舰。意大利海军最大的问题是，总是跟在别的国家后面亦步亦趋进行改装试验，所以虽然费了牛劲，但成效不大。

俄罗斯研发水上飞机母舰也比较早，到第一次世界大战爆发，先后改装了3艘。

在改装水上飞机母舰方面，德国人可谓别出心裁、独树一帜。他们不是用水面军舰或民船进行改装和改建，而是用潜艇作为搭载水上飞机的母舰。其设想是让水上飞机在海上搜寻攻击目标，发现后传给潜艇，由后者实施攻击。据说，这种设计在第一次世界大战中，为德国人提供了许多情报，对其发动潜艇攻击战发挥了重要作用。但是，这种改装不利于保密和艇机协作，同时受气候条件影响太大，潜艇搭载飞机的尝试并没有发展起来。

从一定意义上讲，水上飞机母舰只是航空母舰的雏形，还不能称之为真正的航空母舰，但它仍然受到当时科技水平比较发达国家的青睐，以至于从美国人埃利在巡洋舰上进行飞机起降试验起，短短几年时间，水上飞机母舰就得到了迅速发展。但是，水上飞机母舰的种种弊端又是显而易见的，特别是英国海军将其初步运用到第一次世界大战中，表现并不尽如人意。

1914年圣诞节，英军攻击德军库克斯港的基地。在这次作战中，水上飞机母舰除了发现德国军舰外，几乎没有发挥什么作用。但是，英国海军航空兵突然出现在德国海军基地上空，确实令德国人万分惊讶。这也告诉人们，海军航空兵可以和舰队一起作战，由此，不仅启迪人们建造航空母舰的思想，而且给人们指出了一种全新的海战理念。

1915年英国人发动达达尼尔海峡战役，作为首用兵力参战的水上飞机母舰"皇家方舟"号，因为航速太低，不能规避德国潜艇鱼雷攻击，不得不退出战斗，躲进港内。取而代之的另一艘水上飞机母舰"彭米克利"号，虽然作战能力有所提高，但还是受到了人们的质疑。

1916年日德兰海战中，英军将水上飞机母舰"恩加丹"号编入海上诱敌编队，将另一艘"坎帕尼亚"号编入主力舰队。然而，匪夷所思的是，英国先遣编队司令贝蒂竟然"忘记"派出"恩加丹"号水上飞机升空搜索德国舰队，使英军丧失了相比德军唯一的空中优势，导致后期作战异常激烈、艰苦。更令人不可思议的是，在随后主力舰队启航驶往海上战场时，司令部竟然"忘记"通知"坎帕尼亚"号出海！两次如出一辙的"忘记"，看似偶然，实则必然。指挥海上作战的司令官如此漠视水上飞机母舰，既有指挥官崇拜"巨舰大炮"理论而对水上飞机母舰作用认识不足的主观原因，又有水上飞机母舰自身作战能力有限的客观原因，指挥官们难以对它生出信心，"忘记"使用也就不足为怪了。

水上飞机母舰在参加为数不多的海战中暴露出的致命弱点主要有，一是水上飞机通常装有两个浮筒，体形笨重，不仅使母舰载机数量有限，而且自身载弹量小，所投掷的炸弹对重型装甲舰难以构成太大威胁，不能担负真正的轰炸任务；二是母舰航程短，航速低，自身防卫能力差；三是受天气影响太大，尤为突出的问题是战斗机无法从水上飞机母舰上直接起降，飞机吊放、回收的起降过程繁杂、缓慢。这些缺陷让水上飞机母舰无法适应复杂多变、险恶的战场环境，难以扮演海上作战的主力，不可避免地成为一只不断受人质疑的"丑小鸭"。

为了克服水上飞机及其母舰的固有缺陷，实现飞机从母舰甲板上直接起飞降落的愿望，人们苦苦探索，积极试验。为了维持海上霸主的地位，英国走在了世界开发航空母舰的最前列。真正的航空母舰的出现指日可待……

与水上飞机相比，同时期的陆基飞机发展迅速、应用广泛，特别是鱼雷机，携弹量大、速度快，能够对敌机实施突然而猛烈的攻击。这让英国人认识到，要提高水上飞机母舰的作战能力，首先必须解决好舰载机的问题，使之能与陆基飞机抗衡。痛定思痛，1917年2月，英国海军决定用"幼犬"（亦作"雏犬"）式战斗机来替换装备在母舰上的水上飞机。但是这种飞机只能在舰上起飞，无法在舰上降落，在对德作战中，每次使用都是有去无回，无异于"自杀"。

1917年，英国海军开始对一艘即将竣工、排水量为19000多吨的巡洋舰"暴怒"（也译作"暴露"）号进行改装，主要是拆除舰上的前主炮，将其所在位置的甲板改造成近70米长的跑道，其下建一个机库。保留后炮塔，没有设置降落甲板。这样的改装还是只能让飞机在舰上起飞，无论战斗机还是水上飞机，降落依然需要通过海面和吊车才能完成。

英国人决心打破这一"瓶颈"。于是，在改装母舰的同时，让战斗机直接在舰上降落的试验也在紧锣密鼓地进行着。

先是一位名叫威廉·迪克森的少尉飞行员在"暴怒"号进行了降落试验。虽然成功了，但试验是有缺陷的，它是在"暴怒"号锚泊的情况下实现降落的，而且没有拦阻装置，甲板也不够长，一旦战斗机过载，就难以降落。

如何让飞机在航行中的舰上成功降落，成为人们要攻克的又一难关。根据飞行员们的意见，如果"暴怒"号以25节左右的航速逆风行驶，则降落有可能成功。

1917年8月2日，英国海军航空队飞行中队长邓宁少校驾驶战斗机在"暴怒"号上进行了首次航行中的降落试验。为了保证飞机和飞行员的安全，试验还安排了几名飞行员在甲板上为飞机保驾，主要负责在飞机降落时，设法抓住飞行员从飞机上抛下的绳套，帮助飞机停住。

试飞成功了！战斗机第一次成功地降落到航行中的军舰上！

但是，飞行员邓宁并没有为此陶醉，为了总结更多降落的经验，他要求再做一次不借助甲板上的人力降落的试验。

第二次试验在几天后进行。可是，当飞机着舰时，发生喘振，速度太快，无法在甲板上停住而翻出舰舷，栽入大海，被困在驾驶舱内的邓宁不幸溺水而亡。追求完美的邓宁，死于不完美的试验！

这场事故引起英军的高度重视，他们进一步认识到水上飞机母舰的严重不足，他们决定再度改装"暴怒"号，拆除后主炮，并于所在位置铺设一个专门供飞机降落用的飞行甲板，以便飞机的起飞和降落能够分别进行。同时，放弃用水上飞机做舰载机，代之以陆基飞机。然而，如此改装后的"暴怒"号又遇到了新的问题。一是位于前后甲板之间的舰桥，对飞机降落造成巨大干扰；二是船体排出的烟雾、热气容易在甲板上空形成涡流，而为了给飞机降落提供足够的相对风速，军舰航速会很高，这就进一步加重了涡流的形成，使得飞机降落相当危险。这些问题导致"幼犬"式战斗机在"暴怒"号一共进行的十几次试验中，只有几次实现安全降落。

1918年7月，"暴怒"号随队攻打位于丹麦附近的德国飞艇基地，从"暴怒"号起飞的战斗机，给德国人的飞艇库以毁灭性打击，首次成功实现陆基飞机从军舰上起飞去执行作战任务，向世人展示了舰机联合作战的优越性能和强大战斗力。然而，执行作战任务的7架战斗机只有1架返航到"暴怒"号附近海域，然后被吊回母舰。战斗机着舰仍然是"暴怒"号必须面对和解决的问题，正因此，"暴怒"号不能算是真正意义上的航空母舰。

"暴怒"号虽经多次改装，但并不理想，也不彻底，英国人认真分析、汲取经验教训，又开始新的尝试。

1917年，英国海军买下一艘吨位15000吨以上的客船，着手对其大加改造。如何解决由于舰体上层建筑干扰而在着舰甲板上空形成的"不定常涡流"，是改建工作遇到的最大难题，也是关键环节。只有解决了这个问题，飞机着舰问题才能迎刃而解。就在造船专家们绞尽脑汁却一筹莫展时，一位海军军官的奇思妙想让改建工作得以顺利进行。一是将舰桥、桅杆和烟囱全部整合，放置到上层建筑上，二是改变合并后的上层建筑所在位置，将之从飞行甲板的中间移到右舷，使原来起飞和降落的前后两段甲板连为一体，这样，既消除了"不定常涡流"的干扰影响，也解决了以往甲板两段式铺设带来的飞行跑道过短的问题。这些创意后来被称为"岛"式设计和全通式飞行甲板。

1918年5月,客轮改装工程全部完毕,被赋予了一个全新的名字——"百眼巨人"号,该舰正式加入英国皇家海军作战序列。之后不久,便进行了飞机着舰试验,在"百眼巨人"号以大约20节的速度逆风航行时,舰载机降落并不困难。试验证明,改装是成功的!它的最大亮点,就在于成功实现了飞机在母舰甲板上直接起飞和降落。为了进一步增强"百眼巨人"号的威力,人们还为它装备了原为陆基起降的"杜鹃"式鱼雷攻击机。"百眼巨人"号具备了现代航空母舰最基本的特征和形状,因而被认为是世界上第一艘航空母舰!

与现代意义上的航空母舰相比,"百眼巨人"号依然不完善,它的飞行甲板缺少拦阻装置,这不仅使飞机着舰很麻烦,而且也比较危险。但无论如何,"百眼巨人"号仍以其创造性的改革和拥有的作战潜力,使改装的各种类型载机舰向航空母舰迈出了开创性的一步,真正开拓了航空母舰发展的新时代。

第三节　从改装到设计

由巡洋舰改建的"暴怒"号和由商船改造的"百眼巨人"号经过不断实验和完善,已经初具现代航空母舰的样貌,一些开创性的发明,如弹射器、直通型甲板更是被各国纷纷效仿,并沿用至今。特别是"百眼巨人"号夺取了世界首艘航空母舰的宝座,大大震惊了意欲挑战英国海上霸主地位的美国,为了尽量少花钱、尽快建成航空母舰,美国决定仿效英国,走一条改建的捷径。

于是,在英国航空母舰改建成功后的第二年,即1919年,美国海军获得国会拨款,着手改装第一艘航空母舰。被改装的舰船是1913年下水的"木星"号补给舰,它原本是舰队运煤船,虽然航速低,只有14节,但它易于改装,而且即将解体,自然省钱。船体有165米长,便于改成飞行甲板,运煤用的高大腹舱容量充足,可以作为存放很多飞机的机库。然而,实际改装起来并不容易,而且为了保证安全,他们还在甲板上安装了横向、纵向拦阻索。经过两年时间,改装终于完成。

1922年5月,美国历史上首艘改装型航空母舰"兰利"号正式服役,编号为CV-1。该舰满载排水量14700吨,舰长165.2米,宽

19.8米，采用涡轮—电力推动，最大航速15节，装备4门127毫米口径火炮，通常搭载各型飞机34架，加上甲板下的两个机库，总共可容纳飞机56架，在当时是世界上最多的。其他国家的航空母舰一般只能搭载34架飞机，而"兰利"号飞行甲板尾部即可搭载30架飞机。

美国的"兰利"号是仿效英国的"百眼巨人"号改装的，二者自然有许多共同之处。一是舰型一样，都是采用全通式飞行甲板，空旷、平坦，如同平原，因此，又被称为平原型航空母舰。二是由其他舰船改建而成，没有岛式建筑，因此，与现代航空母舰还存在一些差距。但它们的相继登场亮相，标志着航空母舰试验阶段的结束和发展时期的来临。

英国海军针对改建航空母舰存在的先天不足和难以改造的现实，决定着眼实战需要，完全按照真正航空母舰的标准，进行专门的设计建造，这就是英国海军首艘现代航空母舰——"竞技神"号。

"竞技神"号航空母舰是为纪念英国第一艘"竞技神"号水上飞机母舰而得名，于1918年初开工建造。由于第一次世界大战已经结束，加上这艘航空母舰在技术上的开创性，结构布局等都需要进行大量的实验，导致建造工程进度缓慢，直到1923年才完工，历时6年。该舰设计排水量10950吨，长182米，宽27.4米，采用蒸汽轮机推动，最大航速25节。"竞技神"号在建造时不仅考虑到搭载飞机，而且顾及军舰自身的防御火力问题。因此，装备了6门140毫米火炮（既可用于对海射击，又可用于对空射击），3门102毫米高射炮，1934年又增加了8门20毫米高射炮（用于防空作战），是第一艘把防空作为主要使命的航空母舰。这种设计的有效性在后来的第二次世界大战中得到充分印证。

工业化强国日本善于学习，他们有效借鉴了英美在航空母舰建造上的创新发展。当英国"百眼巨人"号成功实现飞机起降时，日本从中看到了航空母舰的巨大威力和发展前景。当英国开工建造第一艘现代航空母舰"竞技神"号时，日本人也在窥探、学习。日本决定自行研制打造一艘真正的航空母舰，它就是"凤翔"号。该舰于1919年12月开工建造，仅用3年，于1922年底便竣工服役，比英国的"竞技神"号提前半年下水。它采用了英、美等国已推进的航空母舰技术：直通式甲板、岛式上层建筑、弹射阻拦装置等。该舰设计排水量7470吨，长168.25米，宽18米，最大吃水深度6.17米，航速25节，能搭载战斗机、轰炸机等机型20余架，舰员550人，并装备防空和自卫武器。

从时间上讲，日本抢在英国之前建成了世界上第一艘全新设计建造的现代航空母舰。但是，需要指出的是，"凤翔"号在最初设计建造时，与以往明显不同的是一改之前航空母舰惯用的平原型结构，设计了舷岛式上层建筑，但在试飞过程中发现它安装在狭窄的飞行甲板上很碍事，因此，在正式下水前又把它拆除了，改成直通式甲板，退回到平原型航空母舰模式。相比之下，英国的"竞技神"号从设计到建成使用，舰右侧始终带有岛式上层建筑，便于指挥、观测瞭望，而这是现代航空母舰必备的外形特征。因此，从这个意义上讲，世界上第一艘专门设计建造的现代航空母舰的桂冠仍应属于英国的"竞技神"号。从英国人对航空母舰执拗的追求和发展航空母舰的技术、数量来说，这顶桂冠也非他们莫属。

"凤翔"号和"竞技神"号航空母舰的相继建成并服役，在航空母舰发展史上具有划时代的意义，它们完成了航空母舰从拆卸改装到设计制造的历史跨越，标志着现代航空母舰的真正诞生。

1922年的华盛顿会议期间，美、英、法、日、意五国签署了《限制海军军备力量条约》（即《华盛顿条约》），规定签约各国航空母舰总吨位的限额：美、英为13.5万吨，日本为8.1万吨，法、意为6万吨，航空母舰的标准排水量不得超过27000吨，火炮口径不得超8英寸。该条约对战列舰进行了严厉有效的限制，但对航空母舰的吨位限额，却大大高于在役航空母舰的吨位。这实质上是当时列强对航空母舰的战略地位、发展远景认识不足导致的，但在客观上为航空母舰的发展大开绿灯，从1923年至1939年第二次世界大战全面爆发前夕，世界各国航空母舰建造作业如火如荼。较著名的有英国的"皇家方舟"号、日本的"加贺"号、美国的"列克星敦"号。尤其是英国1930年建造的"皇家方舟"号，享有"现代航空母舰的原型"之美誉，这是因为它机库全封闭、上层建筑呈现岛形、增设液压式弹射器等，实现了技术上的进一步创新整合。

然而，直到第二次世界大战全面爆发前夕，由于受"巨舰大炮"思想和杜黑"战略轰炸决定论"的束缚，人们对航空母舰在海战中的作用缺乏认识，战列舰仍占统治地位，航空母舰在海军中仍是辅助舰种，处于从属地位。

第二次世界大战期间，特别是太平洋战场上，航空母舰及其舰载机作战功能的逐步展现，直接导致战列舰退出历史舞台。在战争过程中，各国航空母舰数量突飞猛进，其中美国有150余艘，英国有90多艘，日本达到25艘，航空母舰在战火洗礼中有了很大发展。各国还充分采用当时的先进科学技术，使航空母舰的探测、防御能力有所增强，并普遍增加了弹射和阻拦设备，飞机起降率和安全系数明显提升。美国的埃塞克斯级航空母舰就是这一时期采用先进科学技术建造的典型代表，作为一级攻击型航空母舰，其24艘的数量，成就了它当时在建造数量上拥有美国海军史、同时也是世界海军史之最的桂冠。此外，战时著名的航空母舰还有英国的大胆级航空母舰，具有很强的攻防能力。

1945年原子弹用于实战后，引起人们对发展航空母舰的质疑，既然一个核弹头就能摧毁一座城市，那么还有必要发展航空母舰吗？到20世纪五六十年代，随着洲际导弹和核武器的发展，更有很多人宣扬"航空母舰无用论"，不过是海上的"浮动棺材"，从而导致这一时期航空母舰发展进入谷底，美英两国的海军航空母舰多数退役，特别是美国，其航空母舰数量从第二次世界大战中的100多艘骤减到20多艘。

然而，塞翁失马，焉知非福。这一时期航空母舰数量的骤减，却也为其更好地利用高新技术进行现代化改装、提升质量内涵的发展创造了条件。一是20世纪40年代首次出现的喷气式飞机开始普遍搭载上舰，二是1951年前后，英国人研制发明出了具有划时代意义的蒸汽弹射器。美国"福莱斯特"号航空母舰，就是第一艘为喷气式战斗机设计的航空母舰，它与随后的小鹰级航空母舰成为美国常规动力航空母舰的"封山之作"，使常规动力航空母舰的技术性能在20世纪60年代达到了极致。

虽然蒸汽弹射技术在20世纪50年代为英国首创，但被美国发扬光大，并成为当今世界掌握蒸汽弹射技术最为成熟、全面的国家。

然而，蒸汽弹射也存在十分明显的缺陷，就是造价过于昂贵，设计、安装技术极其复杂，日常的保养维护费时费力，而且，蒸汽弹射器需要占用航空母舰大量的淡水资源，可以说成本巨大。与蒸汽弹射器不同，电磁弹射技术具有体积小、推力大、效率高等优点。美国作为航空母舰大国，属于较早研发电磁弹射技术的国家，却迟迟没有实用化，最新锐的"福特"号航空母舰仍然装备的是蒸汽弹射器。

第二次世界大战时期的航空母舰还普遍采用了斜角飞行甲板、舷侧升降机、新型助降系统和阻拦装置等。

1960年9月24日，世界上第一艘核动力航空母舰美国"企业"号完工下水，标志着航空母舰发展进入新阶段。作为军事革命的策源地，美国已全面实现现役航空母舰的核动力化。

1962年古巴导弹危机，让苏联在美国航空母舰面前颜面尽失，最终放弃"航空母舰是浮动棺材""导弹的靶子"等错误观点，开始重视发展航空母舰，先后入列1艘莫斯科级直升机航空母舰和1艘基辅级航空母舰。20世纪80年代又发展了大型航空母舰"第比利斯"号，即"库兹涅佐夫"号。

英国人以其独有的技术能力，于20世纪80年代开发出一款无敌级轻型航空母舰，最值得称道的地方就是首创跃升式（亦称滑橇式）甲板，这种甲板不需要弹射器即可起降舰载机，而且实现垂直/短距起降。它既有航空母舰作战功能，又经济实惠，代表了轻型航空母舰的发展方向，也为发展中国家实现航空母舰梦开辟了一条可能的发展之路。

纵观航空母舰的诞生与发展历史，它的出现是传统海战与现代海战的分水岭，是海军史上的一个重要里程碑，从此，巨舰大炮列阵"对轰"的海战成为历史，海上打击力量向空中、陆地和大洋深处延伸，海上战争由二维平面作战拓展为三维乃至多维（包括电磁空间）立体作战。进入21世纪以来，无论在传统作战领域还是非传统军事领域，航空母舰都在扮演着日益多样化的角色，发挥着巨大作用，作为海上浮动机场和活动平台，航空母舰在未来也必将是无法替代、难以跨越的大国重器。

第二章

奇袭塔兰托

第二次世界大战爆发后，欧洲战局迅速发展，1940年6月，意大利对英法宣战，在法国沦陷后，地中海区域反法西斯的重任瞬间落在了英国海军身上，形单影只的英军同时在大西洋和地中海两线与德意法西斯作战。大西洋方面，德国潜艇紧锁英伦三岛的咽喉；地中海方面，意大利战列舰扼住了通向非洲的命脉。为了扭转被动局面，英国高层实施了一次大胆的行动——用航空母舰这个唯一的优势兵力突袭意大利塔兰托军港。这是历史上首次使用航空母舰及其舰载机突袭敌军港口的战役，以全新的作战模式开启了世界航空母舰海战史，凸显了这一新兴武器装备的巨大作战效能，带领现代海战从"巨舰大炮"走向"空海一体"时代。

第一节 塔兰托军港

地中海位置重要,它的北面、南面和东面分别与欧洲大陆、非洲大陆和亚洲大陆相邻,沿岸有西班牙、法国、意大利、希腊等国家,是典型的陆环海地形,而且其东南通达印度洋,西连大西洋,东北通往黑海。这样纵贯联通的战略位置,使其成为海军强国的必争之地。

意大利位于地中海北岸,其国界线的80%是海界,与马耳他、突尼斯和阿尔及利亚等国隔海相望,意大利一些重要的战略资源需要从地中海输入,与北非的殖民地联系也离不开海上通道。地中海这条交通线对它非常重要。

作为域外国家,英国同样重视地中海交通线。英国在北非拥有殖民地,如果不能通过地中海抵达北非,就只能绕道非洲,这样一来就要增加大量成本。另外英国是海岛工业国家,也离不开地中海交通线。

地中海交通线对意英两国的重要性使之成为第二次世界大战时期两国海军争夺的焦点,袭击和保护英国海上运输船队的激烈战斗在这里频繁上演。

为了保障地中海西部的安全,遏制意大利舰队,以马耳他为界，英国将地中海舰队一分为二：一支是担负东地中海战区作战的地中海舰队，驻扎埃及亚历山大港，由安德鲁·布朗·坎宁安统辖；另一支是负责西地中海战区作战的H舰队，驻扎直布罗陀，由詹姆斯·萨默维尔任总司令。两支地中海舰队对意大利形成了东西夹击之势。

在意大利海军眼里，地中海就是意大利的内湖。塔兰托作为意大利海军的重要军事基地，由内港和外港两部分组成。面积不大的内港必须经过一条被称为"运河"的窄水道才能进入，三面环陆地，水深达12米，又被人们称为皮克洛港。外港即格兰德港，面积比较大，水面又宽又深，意大利海军大部分的主力都停泊在此。入港的航道上，有两个小岛把守，分别是圣皮埃特罗岛和圣保罗岛，将整个塔兰托港紧紧环绕其中。外港有一条水下防波堤，从岸一边绵延至圣皮埃特罗岛、圣保罗岛，将其紧紧环抱。南面是一条称为圣维托堤的防波堤，从圣维托角东北1206米处开始，向东北延伸达1609米。塔兰托自然条件优越，拥有各种舰艇所需的保障设施，是意大利海军主力的最佳停泊地。

与英国海军相比，意大利海军舰艇数量多、速度快、现代化程度高。当时意大利海军拥有潜艇105艘，战列舰6艘，战列巡洋舰1艘，重巡洋舰7艘，轻巡洋舰12艘，驱逐舰61艘，其他舰艇69艘。另外，维内托级战列舰和加富尔伯爵级战列舰，在当时也是比较先进的，速度等方面均超过英国同类军舰。意大利海军依托塔兰托军港和自身的装备优势，与岸基航空兵相协同，外加德军空中力量和潜艇部队支援，使其具备了较为强大的水面、空中、水下作战能力，严重威胁着英国地中海舰队。

英国地中海舰队的实力当然也不容小觑，除了巡洋舰和驱逐舰，它还拥有"伊丽莎白"号战列舰、"厌战"号战列舰、"巴勒姆"号战列舰和"鹰"号航空母舰。特别是"鹰"号航空母舰，是英国唯一一艘由战列舰改装的航空母舰，也是第二次世界大战初期参战次数较多的航空母舰，先后经历多次改装，最大航速可达24节，一般可搭载舰载机21架，虽然数量较少，但它搭载过的舰载机种类很多，包括剑鱼鱼雷攻击机、贼鸥式战斗轰炸机、"管鼻燕"式舰载战斗机、海飓风式战斗机和海喷火式战斗机等，同时装备9门6英寸（152毫米）炮和5门4英寸（120毫米）防空炮，为了减少死角，这些火炮分散配置在两舷和舰艉，另外还有6具鱼雷发射管。

1940年7月，意大利舰队司令伊尼戈·坎皮奥尼指挥的舰队与英国地中海舰队发生了一场遭遇战。结果伊尼戈·坎皮奥尼的旗舰——"朱利奥·凯撒"号战列舰受伤撤出战斗，意大利海军士气遭到重创。

为保证意大利同利比亚和爱琴海的多德卡尼斯群岛之间的交通线畅通无阻，时任意大利海军参谋长兼海军副部长的多门尼考·卡瓦纳瑞坚持施行防御政策，重在牵制英军。根据这一意图，为避免和英国海军正面对决，舰队司令伊尼戈·坎皮奥尼采取谨慎战术，主要针对英国地中海护航运输队先行进行打击和破坏。

1940年8月初，意大利新型战舰"利托里奥"号和"维多利奥·维内托"号编入舰队，意大利海军力量由此大为增强，但因深知自己缺乏空中力量掩护，每每面对英国舰队，意大利海军总是想方设法避而不战。8月底，英国"光辉"号航空母舰驶抵直布罗陀。8月31日，坎皮奥尼率意大利舰队出海，2艘新战列舰和3艘经过现代化改造的战列舰，由10艘巡洋舰和34艘驱逐舰护航，目标是截击英国舰队——"鹰"号航空母舰、2艘战列舰、5艘轻巡洋舰和9艘驱逐舰。由于夜间骤起大风暴，意大利舰队取消截击行动，返回塔兰托基地。

意大利海军的"避战"，使得英军的航空母舰在英意舰队的地中海对峙中显得"英雄无用武之地"。

第二节　坎宁安的创新

为改变与意大利海军在地中海对峙中的尴尬局面，英国本部派出增援部队，以英国海军主力战舰——"光辉"号航空母舰为核心。该舰是英国在第二次世界大战中装备的主力航空母舰之一（另一航空母舰为"皇家方舟"号），1937年初开工建造，1939年4月下水，1940年5月正式服役。舰长约230米，宽29.23米，最大吃水近9米，设计排水量23000吨，最大航速30.5节，战时最大规模舰员1300人、空勤人员700人。"光辉"号航空母舰的现代化水平在当时是比较领先的，其最大的特点在于其采用装甲飞行甲板，可以抵御450千克炸弹的攻击，有利于战时保障舰载机的起降，提高了军舰的生存能力。"光辉"号航空母舰为了提高防空能力，在飞行甲板边缘四角各配置了两座双联装炮塔，共八座双联装16门114毫米/45倍径高射炮，6座八联装32毫米机关炮，20门40毫米高炮。装有一部79Z型对空警戒雷达，这是当时世界上最先进的预警雷达系统，可以全天候捕捉来犯的空中目标。采用3轴推进动力装置，较之双轴动力，不仅在重量方面更轻，而且能够快速改变功率，具有很好的机动性，从而提高航空母舰的操纵性。但该舰存在舰载机数量不足的缺点，虽然设计搭载舰载机43

架，但实际一般搭载量仅33架，主要机型为：15架"管鼻燕"式舰载战斗机，18架剑鱼攻击机。

与"光辉"号航空母舰一同前来增援的还有战列舰"勇士"号、防空巡洋舰"卡尔丘特"号和"考文垂"号。这些舰队组成的增援部队全部接受地中海舰队航空母舰部队司令A.L.S.利斯特的指挥，以"光辉"号航空母舰为旗舰。

早在1935年意大利人入侵埃塞俄比亚时，时任英国地中海舰队司令庞德就草拟过一份空袭塔兰托的计划，后来这份计划被搁置。1938年，利斯特任职"暴怒"号航空母舰舰长期间，意外地发现了这份空袭计划。利斯特一直以来对海空战有着强烈意识，1940年8月，他向东地中海战区舰队主帅安德鲁·布朗·坎宁安汇报了这个计划，建议用"光辉"号和"鹰"号航空母舰上的舰载鱼雷机对塔兰托发动突然袭击，得到坎宁安的同意和赞赏。

在利斯特的协助下，针对躲避在塔兰托军港中的意大利海军，坎宁安设计制定出一个大胆而详细的作战计划：用飞机夜袭意大利塔兰托军港，消灭集结在港的意大利海军主力。该计划报英国总参谋部后，很多人认为是异想天开，意大利在家门口作战，占据地利优势，岸基航空兵的作战半径完全可以覆盖整个地中海，坎宁安想靠几架鱼雷轰炸机就搞定意大利军港，无疑有点痴人说梦、痴心妄想。

作为主帅的安德鲁·布朗·坎宁安并非等闲之辈，他是一位资深的海军军官。他从英国皇家海军学院毕业后，参加过第一次世界大战期间的海区作战，历任驱逐舰分队指挥官和战列舰舰长等职位。丰富的一线军事经验告诉他，意大利海军虽然在数量和地理上占据优势，但缺乏空中优势和机动性能。他向参谋部分析指出，意大利海军与空军一向缺乏无缝对接的协同能力，一旦夜袭，如果不能及时得到空中支援，必然陷入混乱和危险境地。与之相反，英国皇家海军的军舰和舰载机长期开展协同训练，配合默契，完全可以达成闪电袭击效果。

"千里马常有，而伯乐不常有。"前任海军大臣、时任英国首相的丘吉尔正是这个"不常有的伯乐"，他在关键时刻大胆地采纳了这个方案。运用舰载机袭击敌人军港的作战计划就这样被批准了，这是具有划时代意义的。科学的军事战略是赢得战争的关键。丘吉尔与坎宁安的决策与部署，恰恰印证了这一点。

创新从来都是留给有准备的人。计划被批准了，但用舰载机袭击敌方母港是史无前例的，要想成功实施计划，就得做好万无一失的各项准备。为了知己知彼，侦察必须跟得上。在袭击开始前，英军航空兵展开了对塔兰托的侦察和情报搜集工作，他们发现意大利的主力舰队基本都停泊在塔兰托港内，舰队数量为战列舰6艘（其中有2艘新型战列舰"利托里奥"号和"维多利奥·维内托"号），重巡洋舰7艘，轻巡洋舰和驱逐舰2艘。然而，就在这一用兵的关键时刻，10月30日，意大利进攻希腊，应希腊政府要求，英国占领了希腊属地克里特岛。这一军事行动分散了英国海军力量，能够监视意大利舰队行动的侦察机严重不足，英军很可能会遭到意大利海军伏击。为了解决这个问题，"鹰"号航空母舰的飞行指挥官C.L.凯特利·皮奇调遣2名剑鱼式飞机的飞行员，驾驶战斗机负责监视意大利舰队的行动。

除了加强侦察，英军还在武器装备和战斗人员上做足了功课。首先是改装2艘航空母舰上的舰载机。通过取消舰载机后座炮手位置的方法加装容量为60加仑的副油箱，增加舰载机的续航能力；通过飞机挂载磁性鱼雷，来提高鱼雷命中率；为实现夜袭，部分战机改挂炸弹和照明弹。其次，舰载机改装后，对飞行员的驾驶技能提出了更高要求，为此，舰队精心挑选了一批经验丰富的优秀飞行员，他们有较强的夜间超低空攻击能力。截至1940年10月中旬，舰队航空母舰上共有30架飞机完成了进攻前的准备。

实施计划并不是一帆风顺的，在准备阶段，出现了两次小状况。"光辉"号航空母舰上的一名地勤人员，在安装副油箱时不小心跌倒在地，手中握着的螺丝刀掉落，刚好落在一个电源开关上，二者相撞，撞击出的火花与机库地板上泄漏出的航空汽油相遇，引起大火。这一摔代价可不轻，虽然迅速启动自动喷淋装置扑灭了大火，但还是有2架"剑鱼"被烧毁，其他很多飞机则被未来得及淡化的海水淋湿，需要用淡水冲洗再进行干燥。屋漏偏逢连夜雨，"鹰"号航空母舰由于舰体老化和战斗受损，油管故障导致航速不足，不能跟随舰队航行，只能返坞修理，无法参战，而"光辉"号航空母舰载机容量有限，只能转接5架"鹰"号上的舰载机。

准备中的突变和一波三折，没有动摇坎宁安夜袭的决心，他将原定于10月21日发起的攻击延后至11月11日。英国战时内阁命令3架飞机编成第431侦察小队，飞往马耳他，由坎宁安指挥。第431侦察小队队长怀特利经验丰富、技能娴熟，完全具备空中侦察所必需的素质。侦察内容包括意大利和西西里港口的情况，意大利和北非港口之间补给线上的航运情况，以及伊奥尼亚海上的地方船只航行情况，同时对塔兰托基地进行逐日侦察。侦察工作进行得十分顺利，没有引起任何怀疑和阻挠。

仅有侦察是不够的，情报分析更为重要。为此，驻开罗的英国空军中东指挥部成立了判读小组，对侦察到的照片进行分析研判。利斯特的助理、作战参谋戴维·波洛克，奉命与照片研判小组一起进行了为期5天的判读科目研究。塔兰托的照片上除了舰船还有许多小白点，无法研判。这些照片被带到亚历山大港，参谋长威利斯请航空母舰舰长博伊德和一批老飞行员进行鉴别。最终大家一致认为，照片上的小白点应该是阻塞气球。这些气球用钢缆系着，假如飞机从上空进入，就有可能刮上钢缆、割断机翼，这说明塔兰托的意军对防范敌人空袭是有准备的。这份情报呈送给坎宁安后，他命令把照片发给飞行员，经过反复计算，算出气球间距大约270米，据此，坎宁安及时修正袭击计划，让飞机从钢缆中间飞过。为了在夜袭中能看清钢缆，部分剑鱼式飞机改挂照明弹。

承担夜袭任务的兵力群是航空母舰"光辉"号、4艘担任警戒任务的巡洋舰和4艘驱逐舰。具体突击任务由航空母舰上的21架剑鱼式舰载机完成，他们将重点突击停泊在塔兰托外港的战列舰。整个突击行动将分为2个攻击波次展开。第一波攻击派出了12架飞机，其中鱼雷机6架，轰炸机4架，照明机2架，每架鱼雷机挂装磁性引信鱼雷1条，每架轰炸机挂装炸弹6枚，每架照明机除挂装4枚炸弹外，还携带照明弹16枚。第二波攻击派出9架飞机，其中鱼雷机5架，轰炸机和照明机各2架。

另有四个兵力群，重点为突击任务的兵力群提供服务保障。

承担掩护任务的兵力组成为2艘战列舰、2艘巡洋舰和12艘驱逐舰，主要任务是在塔兰托港的水域上，截击因为遭袭准备驶离塔兰托的意大利舰队。

另外，驻马耳他岛的岸基航空兵主要负责对塔兰托港进行连续的、不间断的情报侦察。

11月11日夜间，由3艘巡洋舰和2艘驱逐舰组成的X部队，对意大利奥特朗托海峡的海上运输舰队实施袭击，完成佯动任务。驻希腊机场的轰炸航空兵组成战果扩大兵力群，他们的任务就是在突击行动完成后的第二天，摧毁塔兰托港的船坞。

第三节　夜袭塔兰托

为成功实施计划，英国海军采取了一系列行动。首先，为避免意大利方面怀疑，他们增援一批舰只到亚历山大港，始终保持马耳他和亚历山大港之间相对的航行常态。其次，在直布罗陀这个远离战区的区域，频繁调动英国海军护航舰队，以吸引意大利军队注意力，混淆视听。与此同时，夜袭的航空母舰舰队悄悄逼近塔兰托，分成东西两支舰队构成对塔兰托的夹击之势。

11月9日，意大利作战部门曾发现在塔兰托以南556公里海域处有英国舰队活动的迹象，却武断地认为，这只是英国军舰的常规性护航行动，没有采取进一步措施。意大利方面的大意，为英军成功夜袭塔兰托再添筹码。

11月11日，剑鱼式飞机纷纷从"光辉"号航空母舰上起飞，向着东北方向飞去，航空母舰舰队则以28节的时速向希腊克法利尼亚岛以西74千米的计划水域挺进。为"光辉"号航空母舰护航的4艘巡洋舰，分别是"格罗斯特"号、"伯威克"号、"格拉斯哥"号和"约克"号。在"光辉"号航空母舰编队到达塔兰托东南方320千米的希腊克法利尼亚岛附近海域后，完成了战前的最后准备。一切按计划进行，准备参战的21架飞机涂上了统一的编号。L为"光辉"号航空母舰上舰载机的识别字母，E为"鹰"号航空母舰上舰载机的识别字母。在舰队驶达塔兰托东南方向170海里的出击阵位时，"光辉"号航空母舰转向迎风行驶。英国海军的两支舰队在地中海中部会合。

与此同时，英军侦察机对塔兰托港做了最后侦察，确认意大利的军舰全部在港内停泊。

11月11日晚，天公作美，无雾月明，与计划相宜。19时45分军舰响起警铃，12架剑鱼式飞机中最后一架被运到飞行甲板，一道淡绿色的闪光从领队机发出，示意准备起飞。在起飞命令声中，第一批次空袭编队的队长肯尼思·威廉森第一个驾机起飞，他驾驶的飞机编队由3架飞机组成，排成"品"字形，在2300米的高空以140千米时速向塔兰托港飞去。

很快，意大利军方侦听到了位于塔兰托港南面的飞机的声音，可惜这个报告没有引起指挥部的重视。

"光辉"号航空母舰按计划离开舰队，调整航向航速，于20时通过"X"阵位！20时05分，意方塔兰托要塞指挥官下令发出警报，一个高射炮连续开火，但很快又停止了。因为收听站报告说，飞机声音已经消失，警报解除。45分钟后，港湾东部的一个空中音响收听站再次报告说发现了可疑声音，意大利军队再度响起警报。事实上，这两次警报都是英国驻中东指挥部派出的飞机制造的，目的就是干扰塔兰托港的判断，让他们放松警惕。

12架剑鱼式飞机中的8架飞行速度为225千米/每小时，高度为2286米。编队经过数小时的飞行，才飞抵塔兰托上空。第一波攻击的指挥官是海军少校威廉森，他发现意大利军队的高炮已经开火，高炮射出的橘红色弹染红了天空。原来这是之前掉队的

L4M号鱼雷机,它比突击编队早半个小时到达塔兰托军港上空,盘旋时被意军发现,遭到高炮打击。此时,担负英军投掷照明弹任务的L4P号与L5B号飞机,将一串串炮弹夹杂着照明弹在炮兵连阵地上空不断射出。22时25分,意大利塔兰托军港第三次警报响起,随着东南方传来的飞机发动机声音逐渐增大,战斗帷幕正式拉开。

23时02分,L4P号飞机开始在阻塞气球一线的东南向东北投掷镁光照明弹。照明弹的间隔距离为800米,在1000多米的高度上燃烧。L4P号飞机圆满完成任务后向右转向,飞行约15分钟后,便向离泊地400米的一个陆上油库俯冲轰炸,随后,调整航向,返回"光辉"号航空母舰。L5B号飞机是投掷照明弹的备用飞机,见到L4P号飞机已准确投掷了照明弹,便跟随飞行小组长,在返航之前参加了轰炸油库行动。L4A号与L4C号、L4R号飞机一起飞向塔兰托港中心。L4A号飞机首先飞越防波堤,向意大利"加富尔"号战列舰投下了鱼雷,将舰舷炸开。但随后被机枪子弹命中掉进大海,飞行员威廉森被意大利军队俘虏。L4C号、L4R号飞机冒着弹雨飞越了防波堤,看到"加富尔"号战列舰,在约640米的距离上投下鱼雷,未命中目标。两机调整航向,返回"光辉"号航空母舰。第2飞行小组组长驾驶L4K号飞机,从圣皮埃特罗岛上空飞过,飞行高度为1219米,遭到该地及背面隆地尼拉角的炮兵不断射击,飞行员却驾机奇迹般地飞了过去,他绕过气球障碍的北段,进行大角度俯冲,向"利托里奥"号战列舰投掷鱼雷,命中战列舰的右舷。L4M号跟着L4K号在距"利托里奥"号战列舰365米的距离上投掷鱼雷,命中了舰尾左舷。第一波中最后一架鱼雷飞机是E4F号,但其所投鱼雷均没有命中目标，在"利托里奥"号战列舰右舷尾处碰触海底爆炸。4架携带炸弹的剑鱼式飞机也在执行各自的攻击任务。E5A号飞机投下6枚炸弹，可惜无一命中。L4L号飞机对着水上飞机基地的机库和船台投下炸弹，机库燃烧起来，飞机向南安全飞离。L4H号飞机把舰尾靠码头的舰艇作为攻击目标，成功投弹后向西北脱离。E5Q号轰炸机向一战列舰投弹轰炸，一枚炸弹击中"利波利奥"号驱逐舰，但未爆炸，飞机按航向的反方向退出战斗。L4P号等两架剑鱼式飞机，投下照明弹后轰炸油库。L4L号、L4H号、E5Q号、E4F号4架携带炸弹的剑鱼式飞机对港内的巡洋舰、驱逐舰、油罐、码头、舰艇进行了轰炸。

就在英军第一波的攻击接近尾声时，航空母舰再次逆风行驶，第二波攻击飞机又从"光辉"号航空母舰开始起飞，海军少校黑尔是负责第二波攻击的指挥官。当时9架飞机中的7架安全起飞，第8架飞机L5F号起飞时与第9架飞机L5Q号机翼相撞，发动机停摆，被迫留下修理。其余8架飞机依次出发，20分钟后，L5Q号飞机的油箱掉进大海，发动机停摆，驾驶员凭借过硬的技术奇迹般地返回"光辉"号航空母舰。黑尔率领编队向前靠近，23时55分又派出2架飞机L5B号、L4F号，先投掷照明弹，随后飞向意大利军队的油库，并进行轰炸，任务完成后返回"光辉"号航空母舰。L5A号冷静地选择了"利托里奥"号战列舰作为攻击对象，投放鱼雷后安全飞离。E4H号飞机被"戈里奇亚"号巡洋舰击落。L5H号投放鱼雷命中了"卡伊奥杜利奥"号战列舰后，从圣皮埃特罗岛北段上空安全脱离。L5K号飞机跟随另一架飞机向着运河入口914米处的一个地点冲去，向"利托里奥"号投放了鱼雷，投放成功后在炮火热浪中逃脱。E5H号飞机找准时机向"维多利奥·维内托"号战列舰发射了鱼雷,命中其左舷舰尾。行动中飞机机翼出现了一个大裂缝,但这个致命的问题并没能阻止飞行员和飞机奇迹般地安全返回"光辉"号航空母舰。L5F号飞机在其他战机出动后起飞,飞越塔兰托港后向2艘巡洋舰投掷了6枚炸弹,都没有爆炸,后从塔兰托港入口以东8000米处的海岸上空飞离。

按照计划,12日清晨1时整,"光辉"号航空母舰要到达舰载机回收地点"Y"阵位,并以21节的航速迎风行驶。1时12分,雷达操纵员发现雷达屏幕上相继出现了一个又一个尖头信号,这是战机返回航空母舰的信号。经过两个波次的攻击,英军以损失2架战机的微小代价结束了第一轮战斗。飞机陆续返回。

11月12日的中午,坎宁安舰队正在希腊和西西里之间的一个距意大利海岸约402千米的地方巡航。"光辉"号航空母舰高速航行,紧张地准备着,打算在敌人来不及增防前再攻击一次。然而这个地区的天气恶化,坎宁安决定取消这次攻击行动,并率领舰队返回亚历山大港。

实际上,意大利海军总部原本做出了预防英军袭击的部署和措施,比如,在港内配置了21个102毫米高炮连(其中13个在岸上,8个在浮动筏上),84挺重机枪和109挺轻机枪,以掩护整个港口。可是,这些高炮徒有数量,不但陈旧,而且没有夜间对空作战能力,变成了摆设。更致命的是人为削弱战斗力,12个探照灯有9个位置不当;本应布置12800米的水下防雷网,意军却只设置了4200米。在塔兰托港的防御中,90个阻塞气球只有27个发挥了作用。11日,意大利军队发现了英国舰队在地中海驶向艾奥尼亚海和亚得里亚海,但没有引起重视。这些注定了英国夜袭塔兰托的成功，意大利海军在这次袭击中损失惨重也成了必然，2艘巡洋舰被击沉，"利托里奥"号、"加富尔"号、"杜伊利奥"号被重创，1艘战列舰受轻伤，塔兰托港的水上飞机场及油库被破坏，造船厂也没能躲过轰炸。素有"好天气舰队"之称的意大利海军被迫将舰队撤到那不勒斯港，成了名副其实的"纸盒舰队"。

　　第二次世界大战初期的这场战役，英军以损失2架飞机的代价取得了可观战果，英、意在地中海的海军力量对比发生了重大变化，北非作战和在巴尔干支援希腊的战局朝向有利于英国的方向发展。这次战役更大的意义在于，它进一步证实了航空母舰作战的实力，证明了鱼雷飞机攻击设防基地内舰艇所具有的强大潜力，从而开创了航空母舰舰载机空袭敌方军港的先河，预示着马汉的巨舰大炮主义的思想即将落后于时代，拉开了航空母舰主导现代海战的序幕。

第三章

突袭珍珠港

1941年12月7日凌晨,在没有任何事前征兆的情况下,日本联合舰队突然对美国珍珠港,这座位于太平洋夏威夷岛上的最大海空军基地发起攻击,实施连续两个波次的打击,美国太平洋舰队遭受重大损失,美军伤亡3500多人。12月8日,美国发布公告,宣布对日开战,这不仅标志着美国正式卷入第二次世界大战,也标志着太平洋战争的爆发。

日本突袭珍珠港,是世界海战史上的经典战例,它一改从前以战列舰为核心的传统海战模式,确立了以航空母舰、舰载机、潜艇取代战列舰的新的海战模式,开创了世界海战新纪元。

第一节 一个赌徒的赌局

1941年12月7日，本应是一个安宁、祥和、愉悦的日子，却变成了令美国人震骇又耻辱的日子。这天凌晨，300多架日本海军航空母舰舰载飞机升空、飞行，对位于太平洋海域夏威夷群岛上的美国军事基地珍珠港的战舰和军事目标实施了两个波次的猛烈攻击。它们投下炸弹，发射鱼雷，茫茫海面顿时燃起熊熊大火，炽热的火光映红了夜空。毫无准备的美军在巨大的爆炸声中惊恐地醒来，跌跌撞撞地跑向哨位，仓促应战。自然，失败的结局也是不可避免的。

珍珠港事件改变了美国。美国总统罗斯福发表重要讲话，要求国民必须记住这个令人感到耻辱的事件，记住这个悲伤的日子。随后，美国朝野彻底放弃了在战争初期秉承的孤立主义主张，宣布对日作战，紧接着又有20多个国家陆续向日本宣战，同时，意大利、德国等国作为日本的同盟国，也开始向美英宣战。至此，珍珠港事件由最初仅仅是引发太平洋战争的一个导火索，发展成为促成第二次世界大战走向全球规模性战争的加速器。

日本，为何会如此胆大，竟然敢和美国叫板？促使美国打破了战前的中立态度，由战争的观望国变成了战争的参与国？又是谁会如此胆大，敢于冒险策划这场战争，最终改变了第二次世界大战的整个进程，从而加速了第二次世界大战的结束？这里我们不得不提到一个人，他就是山本五十六，日本帝国海军将领，日本海军航空事业的奠基人之一，偷袭美军珍珠港的谋划者。

山本五十六，1884年4月4日出生在一个破落家庭，他的父亲是一名武士，56岁时才生下他，所以给他起名五十六。

从17岁起，山本五十六就开始了军事学习，先后在日本海军大学、美国哈佛大学学习军事，毕业后担任过驻美海军武官、第一航空战队司令官、航空技术本部部长、日本联合舰队总司令等职。

山本五十六的一生都与战争相随，可谓是戎马一生，他在大大小小的战斗中顽强拼杀、英勇果敢。在1904—1905年日俄战争的一次战斗中，他的左手食指和中指被炸飞，成了只有八根手指的残疾人，因为当时修剪指甲时，人们都是按照指头数的多少来收取费用，所以他也有了"八毛钱"的绰号。尽管战争是残酷的，但不曾动摇山本五十六对军事指挥尤其是海军战术研究的热爱。1921年，美国出版《太平洋海上霸权》一书，对他产生了很大影响。这本书以珍珠港、关岛、菲律宾群岛等地为背景，讲述了一支日本舰队偷袭它们并取得成功的故事。书中的许多战术战法引起了山本五十六的关注与兴趣，他开始了关于海战的一些理论性研究。尤其是在担任日本海军霞浦航空队教官期间，他特别注重海军航空兵建设，并且抓住机会展开一些实战训练。当时航空队的现状是整体管理混乱不堪，飞行员军容不整、军纪散漫，山本五十六着力开展一系列严格的整治工作。除了严格要求部属外，他还亲力亲为参加各项训练。山本五十六当时已经40岁，每天坚持飞行训练,已具备了单飞教练机的能力。山本五十六过硬的素质能力不仅赢得了部属的尊重,提升了航空队的建设水平,还为他成为航空制胜论过渡人物,以及海军航空兵领域的建设和发展打下了良好的基础。

1940年春季,山本五十六观看了一次航空兵的训练演习。当看到两艘航空母舰舰队以密集突击方式,集中使用飞机摧毁由战列舰组成的航队时,他问身边的参谋长:"能不能用飞机去炸夏威夷?"此时的他已经萌发了运用航空母舰和舰载机袭击美国太平洋舰队珍珠港的念头。随后,他组织专门人员进行图上演习,论证这一想法的可行性、实操性。当时日本的海军高级将领们对这一计划持不同意见,有赞成也有反对。正当大家喋喋不休地争论时,年底传来了英国皇家海军地中海舰队袭击意大利塔兰托港,并击沉几艘意大利战舰的消息。震惊之余,人们惊喜地发现,凭借从航空母舰起飞的几架小飞机上投下的鱼雷,竟然能够让号称海上霸王的战列舰葬身海底,歼灭近半数的意大利海军!英军在塔兰托战役中的成功坚定了山本五十六与部属们的开战信心。他们要主动进攻美国海军,在重创他们的基础上赢得战略优势,进而一举进攻资源地。山本五十六的确像一个赌徒,但在偷袭珍珠港一战上,他绝不是盲目赌博,而是基于各种权衡和经验做出的大胆判断。

于是,山本五十六要求日本驻伦敦和罗马使馆的海军武官抓紧搜集有关塔兰托港遭袭的相关情报,同时决定正式起草珍珠港作战方案。起草方案主要负责人为福留繁海军少将、大西泷治郎海军少将、源田海军少佐等,他们终日埋头在密室中,计算、标绘、构思、判断,成百上千张文稿上记录了各种数据和图表,显示了作战中的航线航速、兵力编成、攻击高度、航渡队形等要素,它们凝结着海军将领们对即将到来的这场海战的想象与创造。

作战方案获得山本五十六的赞许,1941年初,山本五十六正式向海军大臣上书,提出对夏威夷珍珠港作战的设想。

日、美之间隔着茫茫的太平洋海域,日本为什么要选择珍珠港作为袭击地,偷袭珍珠港对日本有何作用?珍珠港位于太平洋东部夏威夷群岛上的瓦胡岛,是美国太平洋舰队的重要基地。夏威夷东距美国西海岸,西距日本,西南到诸岛群,北到阿拉斯加和白令海峡,都在2000海里到3000海里之间,跨越太平洋南来北往的飞机,都以夏威夷为中续站,既是横跨太平洋的交通要塞,也是物资交换的重要中续站,地理位置十分重要。摧毁珍珠港,能夺取太平洋上的制空制海权,确保日本南下的道路畅通无阻,同时还能占据世界储备资源。于是,日本策划了珍珠港突袭。

1939年,日本就制定了"北上"和"南下"两个作战计划,"北上"就是入侵苏联,占领西伯利亚,实现攫取丰富资源的目的。为此日苏双方都派出了自己的精锐部队,数十万军人在广袤的荒原上激战,长达4个月,但是最终结果是日本惨烈的失败。紧接着日本发动了侵华战争,从1931年爆发的"九一八"事变到1937年燃起的卢沟桥战火,战争范围由东北到华北,由局部到全面,然而十年过去了,到了1941年,日本依然无法征服地大物博的中国,且面临着物资短缺的困境。

"北上"梦想破灭,侵华战争陷入困境,日本便掉头策划"南下"。南下指侵略南洋,即资源丰富的东南亚,这些地区历来是帝国主义国家瓜分的势力范围。1940年的春夏之交,希特勒率军一路征战，占领西欧，英军被迫后退，日本朝野上下普遍认为这是向南推进的有利时机，叫嚣"南下"的呼声一浪高过一浪。

东南亚是英法荷的殖民地，日本的不断扩张，严重损害了这些国家在所属地的利益，引发了这些强国的不满。1940年5月，美国太平洋舰队开展一年一度的军事演习，演习结束后，为了起到震慑作用，总统命令所有演习人员留守在珍珠港待命，暂不返回。后来，英美等国又对日本宣布了禁运石油、实施经济制裁的策略。石油是日本进行侵略的必要资源，禁运石油，谈何扩张？所以他们必须先下手为强，奋力一搏，取得海上控制权。而日本南下，面临的最大障碍就是珍珠港，这个位于夏威夷岛上的美国太平洋舰队的基地，只有搬开这个绊脚石，他们才能夺取制海制空权，消灭美国在太平洋的力量，让南下作战的路途畅通无阻。

山本五十六关于珍珠港作战的设想一经提出，就引起了日本上层的争论，还遭到了来自日本海军各阶层的反对。一方面他的制海先制空的战略思想遭到了传统势力的反对，他主张将航空母舰作为海军主力，用强大空军摧毁美国主力舰队。对此，绝大多数人是持怀疑态度的，试想，在如此遥远的距离中，一个庞大的舰队要能够横渡并且不被发现，可能性极低。此外，在夏威夷和南线两个方向，同时将航空母舰的兵力分开作战，很可能会因为兵力不足导致失败。其实山本五十六也知道，这一仗是极其冒险和困难的，然而在一片反对声中，山本五十六态度坚定。

山本五十六的固执与坚持和他的性格有很大关系。山本五十六做事喜欢冒险，这从他对赌博的喜爱中可见一斑。山本五十六爱赌，遇事必赌且赌技高超。据说他曾因一件小事与朋友打赌，竟然一下输了三千多日元，这笔钱在当时可是一笔不小的数额，可以买好几幢房子，但山本五十六并不因此警醒戒赌，而是依然如故。他在出使欧洲时，因为赌博时赢钱太多，曾被摩纳哥赌场禁止入内，不允许他参赌。好赌之徒无法克制赌博带来的强烈刺激，赌徒也十分享受赌博后收获的那份愉悦和满足。这次，山本五十六也要赌了。他想尽各种办法说服反对者，甚至威胁说，如果不采纳他的意见，他将要引退。总之，自幼受家庭武士道精神的影响，国内外军事院校丰富的求学经历，熟练运用英语掌握最新军事资料的机会，常年供职海军部门的实践生活，以及好赌冒险的性格，都让山本五十六对自己偷袭珍珠港的海战设想充满自信。

1941年夏，日本天皇正式批准了山本五十六的行动计划。10月中旬，山本五十六指挥联合舰队开始着手战前准备。他们选定鹿儿岛湾为模拟训练地，因为此处的地貌状况和袭击地珍珠港十分相似。训练项目贴近实战，为实战准备有低空浅水鱼雷攻击、中空投弹、潜艇夜袭等。另外，为了更好地适应珍珠港空投，日军还对鱼雷等武器装备进行了重组、改良。

为了即将到来的战争，一切准备就绪。一个赌徒布下的赌局就这样开始了。

第二节 南云忠一的舰队

山本五十六指导并制定的偷袭珍珠港"Z作战计划"通过后，确定由南云忠一的机动部队担任袭击任务。

南云忠一是山本五十六手下的得力干将，他毕业于日本海军军官学校，担任过舰长、海军大学校长等职，在鱼雷的研究与应用上有自己独到的见解，是日本海军的鱼雷专家，被称作鱼雷提督。他的一生打过两次大仗，成功于偷袭珍珠港，失败于中途岛海战。

山本五十六和南云忠一是上下级关系，如果说山本五十六是珍珠港海战的谋划人，南云忠一就是这场海战的实施者。在海战思想上，两人的认识其实是相左的。南云忠一是巨舰大炮传统思想的支持者。巨舰大炮主义理论由马汉提出，马汉是美国海军理论家、"美国海军之父"，他主张海上舰队要以战列舰为核心、以大口径舰炮为主要突击兵器。这一理论盛行于第一次世界大战前，但在第二次世界大战后逐渐被发展航空母舰是时代所需的观念替代，而山本五十六就是发展航空母舰思想的支持者。

尽管南云忠一对山本五十六提出的攻击珍珠港，消灭美国海军主力部队巡洋舰、战列舰这一作战计划持反对态度，但他深知，军人以服从命令为最高天职，他不能反抗，只有执行。

1941年11月14日，代号为"机动部队"的舰队正式组成，由海军中将南云忠一任司令长官。整支舰队有6艘航空母舰，分为3个航空母舰特混舰队：第1航空母舰编队由旗舰"赤城"号和"加贺"号组成；第2航空母舰编队由旗舰"飞龙"号和"苍龙"号组成；第5航空母舰编队由旗舰"瑞鹤"号和"翔鹤"号组成。这6艘航空母舰是担任袭击任务的主力舰，将被作为机动部队的空袭部队使用，执行空袭任务，攻击港口和机场设施，主要消灭美军主力战舰和航空母舰。

"赤城"号航空母舰是南云忠一的座舰，被誉为日本航空母舰皇后，由战列巡洋舰改建而来。保留了战列舰部分装甲，除一个主飞行的甲板外，舰首还有一个短距离甲板直接通向机库，方便飞机出入，最多时搭载过91架舰载机，排水量4万吨左右。"加贺"号航空母舰是立下赫赫战功的重型航空母舰，是侵华海军的主力，1939年从中国海域返回太平洋海域。"加贺"号也是由战列巡洋舰变身而来，增加了双层机库和直通机库的舰首短距离飞行甲板，可以载机60架。为了完成与"赤城"号的协同作战，"加贺"号进行了改装，把岛式建筑设在右侧，便于两舰艇并行时双方飞机的起落，加长加宽主飞行甲板，加大舰艇动力和结构力度以提高航速，进一步增加搭载的舰载机数量。"苍龙"号航空母舰已经具有近代航空母舰的特征，此后的日本航母都是参照它的模板改建。"苍龙"号航空母舰的船体设计以速度为优先考虑，采用巡洋舰主机，航空母舰的动力采用蒸汽轮机，飞行甲板长度与整个航空母舰船体长度一样，舰桥位于右侧船舷。此后日本航空母舰的设计大体如此。"飞龙"号与"苍龙"号是姊妹航空母舰,可搭载飞机73架,舰员编制与"苍龙"号接近。这6艘航空母舰搭载舰载飞机共有400余架,包括战斗机、鱼雷轰炸机、俯冲轰炸机、水平轰炸机等,此外还有8艘油轮和2艘驱逐舰在太平洋静候,战斗力很强。

另外,日本还派出了27艘潜艇,主要作为先遣部队负责侦察监视任务,分别从横须贺、佐伯湾出发,其中有5艘潜艇承担特别攻击队的任务,它们各自带着1艘袖珍潜艇,在空袭前潜入珍珠港内隐蔽,空袭开始后从水下突然发起进攻,助力整个海战。

1941年11月24日,所有舰船为即将到来的远航做好了出征前最后的准备。25日,参战的日本舰队在接到"出发"的绝密指令后陆续从单冠湾出发,在茫茫海域上以24节航速静静行驶,逼近珍珠港。

从日本横渡太平洋抵达夏威夷的路线有三条,中部和南部航线的气象、海况条件好,利于大编队舰船行驶操纵和油料补给,不利因素是过往商船多,且沿途距离美军占领的岛屿近,很容易暴露行踪。北部航线气象、海况条件极差,风高浪险,不利于大编队舰船行驶操纵和油料补给,但途中过往的商船少,且距离美军占领的岛屿比较远,隐蔽性强。最后南云忠一决定选择航程距离最远、经常遇有风暴且大多数船只不会采用的北部航线航渡。日本舰队这次航行非常顺利,海面风平浪静,没有出现冬季常见的巨浪,连续几日的阴郁天气,更是为舰队提供了很好的遮蔽作用,天空浓云密布,庞大的舰队像被帷幕罩了起来。航行中,南云忠一要求部队实行完全灯火管制,保持无线电静默,只收不发,禁止一切无线电通信。飞机实行超低空飞行,机动部队将在距离珍珠港200海里处停泊。

与此同时，为了进一步迷惑美国，使其放松警惕，日本外务省派出驻德大使来栖三郎和野村吉三郎一起赴美，与美进行和谈。在华盛顿，日美两国谈判气氛十分友好，与此同时，在日本本土，大量舰机频繁地进行假的无线电通信，还组织3000多名日本兵在东京参观游览，造成日本所有大型军舰和主力舰队仍在本土活动的假象。

美国虽然已经感到美日关系日趋紧张，但他们过于乐观地估计了形势，过于自信国家实力，更是低估了日本海军远洋作战的能力，戒备防范意识弱，甚至固执地认为日军不可能进行空中攻击，不必设置防鱼雷网。

更让美国人想不到的是，早在一年多前，日本军令部就向珍珠港派驻了200多名间谍进行情报收集工作。其中最重要的间谍是海军情报专家吉川猛夫，他利用日本外务省驻檀香山总领事馆一等秘书的假身份从事间谍工作，对珍珠港内军事设施的布局，不同时期舰船停泊的数量、种类、泊位、出入时间、次数以及航空基地的飞机数量、种类、起飞情况和舰船巡逻情况等信息都做了详尽的收集、考证和分析工作，这些大量的、有价值的情报信息为最后偷袭计划的出炉奠定了重要基础。

因为有了周密可靠的情报，山本五十六最终选定的袭击时间恰恰是美国太平洋舰队绝大多数舰艇停泊在珍珠港内的时间；因为有了鱼雷专家南云忠一的缜密部署，日本庞大的舰队历时多日、横渡半个太平洋海域的军事行动终究没被美国人发现。

一切准备就绪。

1941年12月2日，山本五十六发来密令："攀登新高峰1208"，即按照原定时间在12月8日发起攻击。南云忠一随后向全体官兵传达了"Z作战计划",并要求做好战前各项准备。12月6日,油船最后一次给舰队船只加满了油,舰船高速逼近珍珠港。

12月8日(夏威夷时间12月7日),黎明的曙光中,珍珠港北部约230海里处,南云忠一的旗舰"赤城"号上升起了"Z"字旗。"Z"字旗有着特殊意义,36年前的对马海战中,东乡八平郎,这位日本联合舰队司令在对俄作战前,升起的就是这一旗号,它点燃的是日本舰队全体官兵为国家征战的热情、对天皇效忠的热忱。一场关乎第二次世界大战转折点的战争就此拉开了序幕。

第三节 "虎！虎！虎！"

12月7日黎明时分，在微微透亮的夜幕下，在距珍珠港230海里的海域处，南云忠一舰队的6艘航空母舰甲板上，整齐地排列着展开双翼、整装待发的飞机。随着一声令下，飞机发动机隆隆的轰鸣声打破了黎明的静谧，指挥官渊田美津雄率先驾机起飞。随后，参加第一波攻击的183架飞机陆续从"赤城"号、"加贺"号、"苍龙"号和"飞龙"号航空母舰上起飞，不到15分钟，机群全部升空。43架零式战斗机，49架99式水平轰炸机，40架97式鱼雷机，51架99式俯冲轰炸机，在空中迅速调整成战斗队形，然后穿云破雾，扑向珍珠港。

飞行在机群最前方的渊田美津雄到达珍珠港上空，从空中俯视着这个即将被摧毁的袭击目标，露出得意的狞笑。伴随突击信号的发出，盘旋在空中的一架架日本飞机如饿虎扑食般直扑袭击地。它们向基地四周的机场——希凯姆机场、惠列尔机场和福特岛机场，投下密密麻麻的炸弹。瞬间，整个珍珠港港内火光冲天，爆炸声震耳欲聋……短短几分钟，美军基地的机库、防空设施便被彻底摧毁，数百架美军飞机成为废铁。紧接着，日本鱼雷机分别从几个方向发射鱼雷，直击位于福特岛东西两侧的美军军舰，水平轰炸机再次进入，对停泊在福特岛东侧的战列舰和机场展开轰炸。在俯视轰炸机和水平轰炸机的联合夹击下，珍珠港内烈焰冲天、浓烟弥漫，被笼罩在一片火海和烟雾中。抑制不住战场胜利喜悦的渊田美津雄，立即向坐镇"赤城"号航空母舰的南云忠一发出电文"虎！虎！虎！"，意为"袭击成功！"

珍珠港海湾伸向内陆，是一个被陆地包围的天然良港，仅仅有一个330米宽的狭窄水道与太平洋相连，港内船只出港需要3个小时。当时美军机场上密集地排列着飞机，太平洋舰队的大多数舰只也都在港内，98艘各类舰艇，包括8艘战列舰，8艘巡洋舰和29艘驱逐舰，除了一艘驱逐舰处于航行状态外，其他舰艇都停泊在港内，有的舰船甚至连锅炉都没有启动，完全靠供应船和码头来供电。所以当袭击来临时，港内舰船只能坐以待毙。所幸的是，当时太平洋舰队有3艘航空母舰不在港内，分别是"企业"号、"列克星敦"号和"萨拉托加"号，另外还有9艘重巡洋舰和附属舰在港外演习，躲过一劫。

一枚枚炸弹从日本轰炸机的机体内投出，珍珠港立刻陷入一片火海中。轰炸基本摧毁了岛上停放于地面的所有战机，只有少数几架得以起飞和还击，港内停泊的舰艇均遭到严重打击，太平洋舰队的基本兵力几乎被摧毁。"亚利桑那"号战列舰被炸弹命中弹药舱，引发弹药库爆炸，9分钟内舰艇沉没，船上80%的官兵有千余人在毁灭性的爆炸中遇难。"俄克拉荷马"号战列舰被数颗炸弹命中炸裂，船体倾斜，紧接着发生漏油，船体更加迅速地倾斜，最终有400多名官兵遇难。"西弗吉尼亚"号战列舰被6枚鱼雷击中，先是被鱼雷在左舷炸开一道12米长的口子，后又被炸出大洞，因抢修无力最终倾覆。"加利福尼亚"号战列舰也中弹葬身海底。其他舰船，或因轰炸引起大火，或被命中炮塔，或瘫痪在船坞里。

8时40分左右，日军第一波次的轰炸结束，安全返航。

8时55分，担任第二波次攻击任务的飞机，在岛奇海军少佐的带领下，从其他几艘航空母舰上起飞，它们从瓦胡岛东部进入，抵达珍珠港上空，再次开始对美军机场、舰船进行轰炸。参战飞机有78架俯冲轰炸机、54架水平轰炸机和35架零式战斗机。俯冲轰炸机主要攻打舰船，水平轰炸机继续攻击机场，战斗机则负责空中掩护。与此同时，先前潜入珍珠港内的日本袖珍潜艇也发射水雷，攻击舰艇，封锁港口。因为两次轰炸之间有短暂的停歇，相比第一次被轰炸时的措手不及，这次美军稍有一点准备。几名美军飞行员冒着生命危险从损毁的机库里开出几架尚且完好的飞机，驾机升空迎战，无奈势单力薄，仓促应战又协同不好，最终只能是以卵击石，成为猎人口中的美食。其间，有12架B-17轰炸机、18架无畏式俯式轰炸机外出执行任务后按计划飞回珍珠港，但因毫无防备，非但没有形成打击日军的战斗力，还遭到日军轰炸机和日美交战中美国高射炮炮火的攻击，混乱中美军12架飞机被击落。

10时整，执行完第二波次攻击任务的日军飞机迅速撤离，返回。

日军欢呼雀跃，庆祝这出其不意的巨大胜利。

海上、空中、水下，三方共同作用下的袭击战，让日军以微小的代价换取了巨大胜利。在这场袭击战中，日方仅有29架飞机被击毁，加上起飞时有1架飞机因故障坠毁，返航时有2架飞机因迷航坠毁，总共损失飞机32架，另有1艘大型潜艇和5艘袖珍潜艇被击毁。由于日军飞行员都抱着必死的决心，全都不带降落伞，所以55名飞行员全部阵亡，另有77名艇员阵亡，被俘1人，日方总共损失人员133人。与日军相比，美军损失可谓惨重，有40余艘各类舰船被炸沉或炸伤，包括战列舰、驱逐舰、巡洋舰和辅助船只等，300多架飞机被摧毁或损坏，2400多名美军士兵几乎是在无意识中殒命，另有1000多人受伤，包括平民在内，美方伤亡达3500余人，珍珠港的码头和机场等设施遭到严重破坏。所幸美军3艘航空母舰全在外海未归，逃过一劫。对于美国来说，珍珠港的损失无疑是巨大的，甚至超过了他们在第一次世界大战中损失全部的总和，赌徒山本五十六赢得了他人生的又一场赌博，从此名震世界。

12月7日凌晨，对于驻守在珍珠港的美军来说，本应是一个闲适、甜美的休息日，然而，两个小时排山倒海般的轰炸，将睡梦中的美国人彻底惊醒。他们因为松懈麻痹导致的仓促应战，最终损失惨重，12月7日，成为美国人的梦魇和史上最耻辱的日子。

在这场战役中，日本的胜利无疑是辉煌的。此后的半年时间里，美国海军在太平洋的军事力量被大大削弱，没有了美国太平洋舰队的威胁，日本的势力范围一直延伸到印度洋。然而，对日本而言美中不足的是，行动总指挥官南云忠一缺乏魄力和胆识，做事非常小心谨慎、中规中矩，他没有采纳渊田美津雄提出的以油库和修理厂为重点打击目标的第三波次攻击的建议，没有实施连续打击，炸毁美军油库、船坞、造船厂，而是下令北撤。这一决策造成的后果是，美军遇袭后，能够利用造船厂的设备展开军舰打捞和修复工作，能够利用燃油为军舰和航空母舰的动力装备提供供给，最终使得美国太平洋舰队在短时间内得以迅速重整与恢复，形成战斗力。后来，山本五十六对南云忠一错失良机的这一决断做出过这样的评价：南云忠一就像一个小偷，稍有收获便心虚胆怯，只想尽快溜走。

日本与美国相距上千海里，执行轰炸的飞机能够完成如此长距离的飞行，并成功完成打击任务，不得不说庞大的海上舰艇航空母舰功高至伟。日本海军资深记者伊藤正德在《联合舰队的覆灭》一书中写道：奇袭珍珠港使用了舰载机这一最先进、最具威力的武器，而舰载机的作战能力则来自海上活动机场航空母舰。

珍珠港事件使人们对航空母舰的作战能力有了新的认识，它彻底推翻了各国海军曾经推崇的"巨舰大炮"至上理论，标志着依靠大型战列舰进行海战的时代已经成为历史，新的海战形式将以航空母舰为主，新的海战力量将由海军航空兵组成。

正是基于这种认识，后来接替美国太平洋舰队总司令职务的尼米兹将军在吸取这场战役教训的基础上，更加坚定了继续发展航空母舰的战略主张，这些舰船后来成为抵抗和反击日本的核心力量。

第四章

珊瑚海海战

1942年5月4日—8日,美日两国的航空母舰编队在辽阔的珊瑚海海域爆发了一场激烈的海战。这场海战成功地挫败了日本企图南下控制珊瑚海和澳大利亚海上通道的战略计划,让日本海军长久以来战无不胜的神话化为灰烬,使得太平洋战局发生逆转,进一步奠定了航空母舰在海战中的主导地位。

这是人类战争史上航空母舰之间进行的首次真正对决,是作战双方在视距外用舰载机实施的首次交战,它标志着战列舰的位置已经被航空母舰取代,航空母舰编队作战将成为未来海战的主要模式,历史应该永远记住这几天。

第一节　日本的野心

日本以微小的代价获得偷袭珍珠港的巨大成功后，举国欢腾，整个军界信心满满，他们自负地做出下列研判：美国的经济虽然强大，但是要想迅速恢复元气并且进入战时状态，还要花费一定的时间，估计最快也要到1943年夏季才有反攻的可能。在美国太平洋舰队元气大伤、实力还不能迅速恢复的空档期，日本该做何打算呢？

日本军界高层有两种声音，海军认为要一鼓作气，穷追猛打，彻底歼灭美军太平洋舰队的残余力量，继续向太平洋拓展自己的胜利果实，进一步推进战线，扩大防御圈。陆军则因为当时大部分兵力被投放在中国东北和关内参战，主张稳步推进，保全和巩固现有占领地。经过激烈的讨论，最后确立有限南进计划策略，提出一个折中方案"美澳遮断战略"，即切断美国和澳大利亚之间的海上交通线，最终夺取对整个太平洋的海空控制权。

日军的侵略野心直指太平洋，仿佛看见了称霸太平洋、征服世界的美好明天。

完成这一新的动作与设想，必须首先控制澳大利亚。

澳大利亚是世界上唯一一个国土覆盖整个大陆的国家，位于南太平洋和印度洋之间，东临太平洋的珊瑚海，西、北、南三面临印度洋。珊瑚海位于澳大利亚的东北方向，属于典型的热带海域，海水非常洁净，因有大量珊瑚礁而闻名，举世闻名的澳大利亚大堡礁就在珊瑚海的西侧。

澳大利亚重要的地理位置，使日本军界一致认为：要想在太平洋上长驱直入，扩张势力，必须重视澳大利亚，因为它可能成为英美未来反攻时的最大据点，必须切断它与珍珠港的联系。夺取这一地区最可行的办法就是日军要先登陆图拉吉岛和莫尔斯比港。莫尔斯比港是盟军建立的空军基地，是盟军在日本和澳大利亚之间的最后一个基地，摧毁这个基地，切断它与珍珠港的联系，使其孤立不能发挥作用，意义非常重大，而基地所处的那片海域就是珊瑚海。

1942年2月，日军占领了俾斯麦群岛的拉包尔基地，3月初又占领了新几内亚的莱城和萨拉莫阿，可以说日军在太平洋的行动频频得手，按照作战计划，随后他们就应该在图拉吉和莫尔斯比港登陆了。可是3月10日，美国航空母舰舰载机袭击了日军登陆部队，加之美国航空母舰当时在附近区域的活动，使得日军被迫放慢进攻速度，暂时推迟登陆计划。

日军的计划和准备已经相当完善，似乎一切志在必得。然而，事情一定会按照他们的意愿发展吗？日军真的能如愿以偿吗？

首先，珍珠港事件虽然让美军受到重创，但令美国感到庆幸的是，当时日军最想攻击的目标——美军的3艘航空母舰由于种种原因均不在港内，"企业"号在返回珍珠港的途中，"列克星敦"号几天前离开港口，"萨拉托加"号则在圣地亚哥维修。

当时大量的战列舰被击沉或受重创,这些幸存下来的航空母舰便成为后来战场上反击和抵抗日军的主要力量。同时,战列舰的损失也促使美国调整战略思想,把发展航空母舰作为未来军事发展的主要目标,在第二次世界大战中发挥出巨大的战斗效能。

其次,日军在轰炸珍珠港时没有炸掉船坞。南云忠一在执行第一次、第二次轰炸后拒绝了部属提出的继续进行第三次、第四次轰炸的建议,没有炸毁船坞,使得被毁伤的船只有了停靠地,能够在被轰炸后得以迅速修复。尤其是日军忽视了对珍珠港8000多米外油料库的炸毁,当时美国海军储藏在那里的重油达450吨,如果油库被炸毁,那么燃起的大火必将彻底烧毁珍珠港,而港口如果被毁必然导致船只没有停靠地,那么美国海军和船只就只能后撤到距离港口3500千米之遥的加利福尼亚圣迭戈,显然,从那里出发参战是极不方便的。正是由于日军偷袭没有摧毁美军的港口设施和造船厂,使得太平洋舰队在短时间里迅速恢复了战斗力。

最后,珍珠港惨败的教训让美国人放弃了麻痹思想,他们更加重视情报搜集和警示防范工作。1942年春,日本潜艇"伊号124"被击沉,美军潜水作业船从这艘船的船体内打捞出一个密码本,接下来的几个月中,珍珠港情报处开始破译这些密码,尤其是加大了对一些分散情报的搜集整理、分析研究,并且逐渐绘制出了日本联合舰队的进攻方向,获知日军先遣部队将占领图拉吉并对莫尔斯比港实施登陆作战的确切消息。

美国太平洋舰队司令尼米兹是一位优秀的指挥官,他头脑清晰冷静,做事果断有预见力,珍珠港事件后,罗斯福总统命他出任太平洋舰队司令。当时的就职仪式是在潜艇甲板上举行的,尼米兹在解释为什么会选择潜艇甲板举行就职仪式时说,因为日军进攻珍珠港后没有留下其他可用的舰艇甲板了。临危受命,怀着报仇雪耻、重振雄风壮志的尼米兹一上任就组织了一系列海上反击战,分别对马绍尔群岛、吉尔伯特群岛实施空袭,尤其是对日本东京的轰炸行动,进一步鼓舞、提振了美军士气。此时面对日本的进攻,强悍的尼米兹司令怎会坐以待毙?他决定在莫尔斯比港对日军再次展开行动。

尼米兹司令做了一系列战前准备:集结起"列克星敦"号和"约克城"号2艘航空母舰、8艘巡洋舰和13艘驱逐舰,同时还有英国派出的3艘重巡洋舰和2艘驱逐舰用来增援。美国"列克星敦"号航空母舰由战列舰改建而成,船身庞大,是当时世界上最长的舰船,速度快但操作不太灵活。"约克城"号是美国海军真正意义上的现代化航空母舰,排水量大,抵御鱼雷攻击的性能好。在对它的性能改良工作中,一方面是配有强大的防御炮台应对敌人的空袭,另一方面是安装了对空搜索雷达,能不断扩大搜索范围。

相比之下,1942年珊瑚海海战爆发前的日本海军航空母舰舰队则处于顶峰状态。从入侵莫尔斯比港的部队组成可见一斑:由高木武雄海军中将指挥的包括第5航空母舰战队和第5巡洋舰队在内的编队是机动部队,拥有2艘大型航空母舰"瑞鹤"号、"翔鹤"号,第5战队的2艘重巡洋舰,及6艘驱逐舰。登陆掩护部队包括1艘"祥凤"号轻型航空母舰,4艘重巡洋舰,及1艘驱逐舰。"翔鹤"号和"瑞鹤"号2艘航空母舰可以容纳大规模空军编队,运行速度快,行动半径大,具有强大的战斗力、良好的防御能力和最优良的平衡性，均参加过珍珠港战役，立下赫赫战功。"祥凤"号原先是潜艇供应船，战前改装成轻型航空母舰，速度加快，能容纳一定的航空兵力，但缺乏防御保护能力。

美日航空母舰舰队双方的力量对比，从数量上看，兵力相当，但从后来战场情况上看，日军在舰船使用、飞机性能和飞行员素质上，比美军略胜一筹。

山本五十六原本极其反对向南太平洋进一步扩张，但为了完成与美国太平洋舰队的大比拼，他还是勉强同意了进攻莫尔斯比港行动，并派出了相当数量的机动部队。为此，山本五十六还精挑细选指挥官，任用他的密友井上成美为此战总指挥。在第二次世界大战时的日本海军界，井上成美与山本五十六、米内光政被称为铁三角，三人关系密切，而且富有作战经验。原忠一少将也是山本五十六精选的一位重要指挥官，此战中主要指挥第5航战队航空母舰的航空兵作战。此人性格火爆，人称"金刚"，战功显赫，曾指挥当时日本最先进的2艘航空母舰参加了偷袭珍珠港和突袭印度洋行动，积累了丰富的航空母舰作战经验。

一方面是日本数月来在东南亚屡战屡胜的战绩，助长了他们向南太平洋不断扩张的野心，另一方面是美国经珍珠港事件后，一直在寻找对日反击机会，以期走出战败阴影，提升影响力。美日之间注定要展开的对决一触即发。

第二节 寻找对手

1942年4月28日,日本的掩护部队在"祥凤"号舰载机的掩护下,从位于俾斯麦群岛的拉包尔出发经过几天航行,于5月3日顺利占领图拉吉,同时破土动工,兴建水上飞机基地。4月30日,日本第5航空母舰战队、第5战队和6艘驱逐舰从特鲁克岛出发,南下至夏威夷和新几内亚群岛之间游弋,意在消灭盟军的水上船只,拉开了进攻图拉吉和莫尔斯比港的序幕。5月4日,登陆部队主力在14艘运兵船、6艘驱逐舰和1艘巡洋舰的掩护下驶向莫尔斯比港,最终完成了舰船与兵员的大会合。

正当日本积极为战斗做准备时,殊不知早在5月1日,渴望雪耻、决心一搏的美国人已经将"列克星敦"号、"约克城"号2艘航空母舰和8艘巡洋舰、11艘驱逐舰向珊瑚海开进。"列克星敦"号服役多年,1925年就下水了,舰体臃肿而笨重,被水兵们戏称为"列克斯夫人",它的性能已远不如日本的新型航空母舰。对于这样一艘舰船能否满足此次战争需要,"列克星敦"号特混编队司令菲奇海军少将和舰长谢尔曼上校心里其实是没有底的。好在还有弗莱彻率领的"约克城"号配合作战,使他们的精神为之一振,2艘航空母舰在珊瑚海东北部会合,做好了迎接战斗的一切准备。

5月3日，战斗打响。当美军指挥官弗莱彻接到日军即将登陆图拉吉的密报后，兴奋无比，他欣慰地说："这是我们等了一个月的消息。"随即命令当时正在巴特卡普角以西160多千米的海面上加油的"约克城"号停止加油，以每小时26海里的速度迅速向北，驶向目标地所罗门群岛。经过一夜的航行，5月4日拂晓时分，"约克城"号航空母舰到达指定区域，并且不间断地连续向图拉吉附近海面上的敌军发动了三个波次袭击，炸毁日军大量的水上飞机，随后舰队向莫尔斯比港西部进发。这次袭击让美军赢得了主动权，取得了可喜的战果，但也在一定程度上暴露了美军的实力，泄露了美军航空母舰在珊瑚海海域的情报。尼米兹后来曾对图拉吉的这次战斗做出如下评价：从战场消耗的弹药和取得的成果来看，这场战斗显然是令人失望的。

5月6日，浓云密布，借助难得的天气条件，海军少将弗莱彻和格雷斯率领的重型巡洋舰与"列克星敦"号航空母舰会合。此刻，海面上浓云低垂、恶浪翻滚，美军侦察机还是不顾天气恶劣，起飞搜索。不久前，弗莱彻得到最新情报，日军将派出2艘航空母舰，为即将入侵莫尔斯比港的部队提供掩护。谁先发现对方的舰队，谁就能掌握战斗的主动权。为此，弗莱彻决定直驶珊瑚海，率队迎战。

令弗莱彻万万没有想到的是，在他做好迎战准备的时刻，他也将自己置于日本人的视线范围内。当天下午，一架到处搜索美军的日本水上飞机发现了他们的行踪。当日本司令部获知有2艘美国航空母舰正在前往莫尔斯比港，准备阻截日本军队进攻时，十分恐慌，立即命令正在运输兵员的船只停止前进，同时指示

"祥鹤"号、"瑞鹤"号停止加油,马上做好战斗准备,一旦双方舰队行驶到可以发动空袭的距离范围时便立即出击。然而,天公不作美,就在这个时候,厚厚的云雾弥散开来,遮住了美日双方彼此的视线。日本侦察机不断扩大搜索范围,尽管最后确认他们与美国的舰队相距只有70海里,但是搜索了整整一个晚上,还是没有找到对手,只好等到黎明再去追击。

对手在哪里?

5月7日凌晨4时许,苦苦搜寻了一夜的日军大致判断出美国舰队的位置,于是出动12架舰载机,分成六组在方圆250海里的范围内搜索。5时45分,正在执行搜索任务的日军传回情报:发现美军航空母舰、巡洋舰各1艘。高木武雄立即下达"攻击"命令,6时起,仅用15分钟,零式战斗机、轰炸机、鱼雷机共计78架,纷纷从"祥鹤"号、"瑞鹤"号航空母舰上起飞,在飞行长高桥少佐的带领下飞向目标点。可是到达目标上空才发现,这哪里是美军的航空母舰,而是美军的油船"尼奥肖"号和"西姆斯"号驱逐舰。日军突击机群不甘心,又在附近海面继续搜寻,搜寻达2小时还是没有发现目标,9时15分,只好无奈返航,返回前,不愿空手而归的日军对已发现目标进行了10多分钟的攻击,36架俯式轰炸机扔下一枚枚炸弹,驱逐舰"西姆斯"号被3枚炸弹击中,舰体很快就沉没了,紧接着油船"尼奥肖"号又被7枚炸弹和几枚鱼雷击中,船体燃起熊熊大火,载着大火的船体在海面上漂荡燃烧了几天后,沉入海底。

日军没有伏击到自己的对手,所有的战果只是击毁了2艘毫不重要的船只。对他们而言,唯一幸运的是,这2艘舰船在遭受袭击失去动力前,没有向美军发出紧急求救信号或发现敌情的报告，从而没有暴露日军舰队的位置，当然也使美军失去了攻击对手的大好时机。

此时的弗莱彻正率领美国航空母舰主力舰驶往拦截日军登陆舰队的海面上，遗憾的是他们也没有发现自己要攻击的对手——日本机动部队。黎明后，美军获取的情报显示：发现2艘航空母舰和4艘重巡洋舰。弗莱彻以为这就是日军的航空母舰舰队，于是决定实施全力打击。一架架战斗机、鱼雷机和轰炸机，陆续从"列克星敦"号、"约克城"号航空母舰上起飞，数量多达93架。到达目标上空后，美军才发现由于密码错误，此情报为误报，其实仅仅是2艘轻巡洋舰和2艘炮艇。虽然有少许失望，但是从空中望去，他们发现碧波翻滚的海面上有一道道白色的航迹，经过现场研判，他们认为发现了一个值得攻击的目标——日本"祥凤"号轻型航空母舰。

当时日本航空母舰编队成环形队形，"祥凤"号在编队中央，于是美国的舰载机对"祥凤"号进行了长达半小时的轰炸，日军阵脚大乱，"祥凤"号舰长命令调转船头躲避，同时命令甲板上的舰载机起飞反击。可是时间来不及了，有13枚炸弹和7枚鱼雷命中"祥凤"号，熊熊燃烧的大火把飞机跑道堵死了，飞机根本无法起飞，美军舰载机再次对"祥凤"号进行了连续15分钟的攻击，之后，"祥凤"号坠入海底。

过去的几个月里，盟军损失了很多军舰，这次击毁轻型航空母舰"祥凤"号可以说是一次不小的胜利。它不仅是日本海军损失的第一艘大型舰只，也是美国海军击沉的第一艘日本航空母舰，是盟军在太平洋战场上的首次胜利，同时创下了整个大战期间航空母舰被击沉的最快纪录，舰上800多名舰员中死亡600

多人。

14时许,日本第5航空母舰战队司令原忠一再次派出12架轰炸机、18架攻击机向预判的美国舰艇目标飞去,试图搜索并攻击美国的航空母舰。他特意精选了一批素质过硬,尤其是经过夜战训练的飞行员出征,但是无奈天气还是严重地影响了视线,致使这些飞机飞过美国舰队的上空时却没有发现目标,直到接近黄昏快返航时才辨认出目标,但为时过晚。弗莱彻少将命令飞机起飞进行拦截,直扑没有战斗机掩护的日本轰炸机机群,在美军强大的攻势下,日本飞机或被击落,或逃散。

更为有趣的是,一批批迷失了方向的日本机群,不断地向美舰"列克星敦"号发出信息,并且开始逐渐进入航空母舰的降落航线,准备降落。当机群打开航标灯时,美军才反应过来,原来这不是美军飞机,而是刚才被美国战斗机群打得昏了头的日本轰炸机群,它们找错了家门。美驱逐舰立刻打开探照灯,用灯光把它们死死锁定,并给予了一阵更猛烈的炮火。直到此刻,日军飞机才如梦初醒,原来这才是它们寻找的攻击对象。

这时,"列克星敦"号上的雷达发现,刚才被攻击逃离的日军飞机在其东方30海里处绕行一周后,陆续从屏幕上消失了,编队司令菲奇少将与作战参谋们经过研究判断后确定,距此30海里处一定有日本的航空母舰,这些飞机也一定是着陆在航空母舰上。他立即将经过夜间训练的鱼雷机中队组织起来准备进攻,还建议弗莱彻组织驱逐舰奔赴战区实施夜间鱼雷攻击,但是弗莱彻感觉攻击胜算不大,为避免遭到日军夜袭,反而命令舰队向南行驶,最终与向北行驶的日本舰队距离越来越远,错过了捕捉猎物的时机。

5月7日这一天，美日舰队始终在寻找着自己要攻击的对手，但由于天气、技术的原因，双方始终没有发现彼此，两支舰队均处在对方攻击范围的边缘，都错过了先发制人的有利时机。但双方也都清醒地预感到，对手的航空母舰舰队近在咫尺，一场关乎两国航空母舰之间的决斗就要来临。

第三节　激战珊瑚海

5月8日,黎明的曙光中,珊瑚海方圆200海里的海面上,美日双方4艘航空母舰做着战斗来临前的各项准备。日出前,双方各自的侦察机出发了,菲奇少将命令"列克星敦"号放出18架侦察机,在北面与西面160千米的扇形海面上搜索,8时15分,美军侦察机传回报告:发现敌人的航空母舰舰队在"列克星敦"号东北方约281千米的海面上。稍后,日军向本部发出报告,"方位205度,距离235海里,发现美国特混编队",表明美军也被对方发现了。

美日双方相互搜索着,最终发现了彼此。

战斗随即打响。美军飞机从"列克星敦"号和"约克城"号2艘航空母舰上腾空而起,直扑日本舰队,其中包括15架战斗机、46架轰炸机、21架鱼雷机。飞行了1个多小时后,美军战机发现了日军的"翔鹤"号和"瑞鹤"号2艘航空母舰,它们一前一后相距约12千米,在茫茫的海面上前行,两侧各有2艘重型巡洋舰和驱逐舰护卫。美军利用团团积云做掩护,在短短几分钟内集合起来,准备实施打击,与此同时,日军航空母舰"翔鹤"号、"瑞鹤"号上也起飞了69架战斗机组成攻击机群参加战斗,向美国舰队所处的位置扑来。

战斗中，美国飞行员面对的是实力强劲的对手，加之又是首次向敌航空母舰发起进攻，表现慌乱不堪，可以明显感到他们作战经验不足。攻击中，美军鱼雷机和俯冲轰炸机排成的战斗队形，常常被拥有过硬飞行技术的日本飞行员冲散，两个机种缺乏配合，攻击力明显减弱。美军射出的鱼雷缺乏精准度，命中率低，往往偏离目标很远，大多射入了海里，致使轰炸成效不大。只有2枚炸弹击中了"翔鹤"号。当时"翔鹤"号准备掉头转向东方，方便自己的护航飞机起飞迎战，不承想却为美军飞机的集中打击提供了方便，"翔鹤"号中弹，船身慢慢倾斜，飞行甲板上因为弹击而漏油起火，无法再进行舰载机的起降。"瑞鹤"号航空母舰比较幸运，在战斗打响前，舰长见势不妙，就指挥着它驶向附近暴雨倾盆的海面，藏身在暴雨下，借着暴雨的掩护躲过了侦察。

10多分钟后，美国"列克星敦"号上又一批飞机起飞，前来援助，可是因为云层过厚，开始没能发现云层下的日本舰队，后来终于有15架美军轰炸机发现了日军踪影，准备进攻时，又因为缺少战斗机的保护，攻击队形被日本零式战斗机冲散，进攻失败，美轰炸机也只投下了1枚炸弹。整场战斗中仅有4架俯冲轰炸机、11架鱼雷机和6架战斗机，在奥尔特中校和布雷特少校的率领下到达了预定海域。但是令他们失望的是，海面上空无一物，机群指挥官奥尔特估计日军航空母舰可能躲在了云层下面，只好下令进一步搜索。当发现前方20海里处被云雨遮住、因受伤冒着浓烟的"翔鹤"号，奥尔特马上率领4架俯冲轰炸机进行攻击，同时他们也遭到了日舰炮火的猛烈拦截，美军飞机不断被击中起火,奥尔特的飞机也多次中弹,但他还是顽强地向"翔鹤"号冲去,在几乎要撞到敌人舰桥的高度才投下一枚1000磅重的炸弹。

就在美军攻击日本"翔鹤"号、"瑞鹤"号航空母舰的同时,日军也发起了反击。69架舰载机分成三队,首先飞临"约克城"号航空母舰上空展开攻击。由于美国2艘航空母舰上的兵力大多数都投入到攻击日军航空母舰的战斗中,所剩保护舰船的兵力较少,再加上护卫航空母舰的防空高炮在射程上有一定的局限,所以美军对日军飞机虽进行了拦击但收效甚微,只能发挥这艘舰船自身具有的灵活性特点,采用规避方式,一次次躲过日军的正面攻击。

起初日军飞机向"约克城"号投下了8枚鱼雷,均被其成功避开。随后日军又再次俯冲投弹,舰桥附近的飞行甲板未能幸免,被击中,顿时一片大火、浓烟和爆炸声。"约克城"号上有37名官兵在爆炸中身亡。

就在"约克城"号遭受日军炸弹与鱼雷袭击的同时,"列克星敦"号航空母舰也正经受着日军的轰炸。当时"列克星敦"号雷达荧屏上已发现70海里外的日军飞机,想找一个云层躲起来,无奈天上没有一片云彩。"列克星敦"号上仅有的几架战斗机只能起飞迎战,舰艇上的高射炮火也极为猛烈,组成了一道道密集的火力网,但依然无法抵挡日军机群拼命进攻的态势。突然,一枚炸弹落在薄薄的装甲护板上,紧接着,日本鱼雷机又冲了过来。日本的鱼雷机运用的是夹击战术,在该舰舰首两舷,15～70米的高度,1000～1500米的范围内对其投射鱼雷13枚,因为"列克星敦"号吨位重、半径大,转弯不灵活,舰艇左舷被2枚鱼雷击中,导致锅炉舱进水。"列克星敦"号扭动着庞大的身躯,左摇右摆,努力躲避鱼雷袭击。日军轰炸机又开始了新一轮更猛烈的轰炸,短短10多分钟,又有2枚炸弹命中舰身。看着破损不堪、摇摇欲坠的"列克星敦"号,日本人终于替前一天被炸毁的"祥凤"号报了仇,兴高采烈地走了。

战斗持续了30多分钟,双方完成作战任务后各自返航,炮火硝烟中波涛汹涌的大海逐渐归于平静。

"列克星敦"号六处着火,锅炉舱进水,舰体严重倾斜。舰长谢尔曼命令全体舰员马上打开舰艇上上百个高压水泵,紧急救火。经过1个多小时的抢救,大火基本被扑灭,舰体也恢复了正常,2个多小时前飞离的机群也开始陆续回到甲板上。13时左右,"列克星敦"号再次出现危机,舰上被日军鱼雷击中的几十个油舱受到破坏,汽油管被炸坏或扭曲,再次注油时引发航空母舰内部爆炸。船体发生倾斜,大火封锁了通往中央部位的所有通道,舰艇上通信失灵、电动舵失灵,供电停止。在一片漆黑中,所有人员都投入到紧急抢救中,但抢救无效,消防管路失去水压,螺旋桨停止转动,巨大的舰体已没有任何动力,停留下去的结果就是葬身火海,舰长谢尔曼上校怀着沉痛的心情宣布弃船。

按照弗莱彻少将的命令,随后赶来的美驱逐舰"菲尔普斯"号向"列克星敦"号残破的躯体发射了几枚鱼雷,以加速它的沉没。夜色笼罩下,"列克星敦"号基本上是侧身直立在海面上,这是最后的挣扎,也是悲壮的一刻,已经撤离的"列克星敦"号全体官兵含泪注视着这一幕,缓缓地举起右手,向这艘立下赫赫战功、与自己一同浴血奋战的英雄舰艇做最后的告别。"列克星敦"号,这艘20世纪20年代就开始服役的世界航空母舰先驱之一,在珊瑚海海战中结束了自己的使命。

随后，美日双方的指挥员都下达了航空母舰编队撤离珊瑚海区域的命令。对于美国舰队来说，撤退是明智之举，"列克星敦"号已经沉没，"约克城"号又遭重创，已无力再战，再战只会大伤元气，招致更大的损失。日本的撤退是错误的，它的情形比美国舰队要好得多，"瑞鹤"号航空母舰完好无损，如果连续作战，有全歼美国舰队的可能。据说山本五十六在得知日本舰队撤退的消息后，痛惜、愤怒，命令部队立即停止撤退，继续追击。可惜美国舰队早已逃之夭夭，无影无踪了。

在这场战斗中，美国损失大型航空母舰1艘、油轮1艘、驱逐舰1艘、飞机81架，1艘中型航空母舰受到重创。日本损失轻型航空母舰1艘、飞机105架、登陆驳船3艘，1艘重型航空母舰受到重创。从交战结果上看，美日似乎打成了平手，双方投入的兵力不多，交战的规模不大，激烈程度也不是很强，但是对于整个世界海战史来说，这次海战的意义格外重要。

珊瑚海海战不仅拉开了太平洋战争的序幕，更掀开了世界海战史上新的篇章。它是人类海战史上航空母舰之间的第一次较量，揭开了现代条件下海上立体战争的序幕。它改变了以往海战中，双方军舰行驶到较近距离后用舰炮作战的方式，这一次，交战双方不是直接发射鱼雷或开炮，而是采用了在上百海里海域之外、在交战双方视线距离外，携带舰载机作战的方式，这是世界海战史上首次采用的作战方式，也开辟了未来海战新思路。

珊瑚海海战作为世界海战史上第一次航空母舰之间的正面对抗，从战术得失上看，虽然美军在舰船上的损失数字比较大，但它成功地挫败了日军继续南下控制澳大利亚和珊瑚海海上通道的战略计划，基本摸清了日本海、空军作战特点和战略意图，遏制了日军进攻的势头，打破了日本海军不可战胜的神话。同时，美国海军深刻认识到，航空母舰编队作战将成为未来海战的主要作战模式，他们在随后展开的一系列战斗中，大力推行并运用这一作战模式，对后期中途岛战役全面扭转太平洋战场局势起到关键的作用。

第五章

中途岛海战

第二次世界大战初期日军所向披靡,在太平洋战场上占领了众多重要岛屿。经历珍珠港事件后,日军变得更加不可一世。正当日本举国上下为其海军屡战屡胜的奇功欢呼雀跃之时,山本五十六,这位偷袭美军珍珠港的谋划者却异常淡定。他认为既然已经向美国宣战,就要尽快将美军太平洋舰队及其基地彻底摧毁,不给美军喘息之机,否则,依靠强大的工业能力,美国会迅速恢复军事实力。山本五十六攻打中途岛的谋划,却遭到日本军令部的反对。直到1942年美军空袭日本本土事件发生,才让山本五十六攻打中途岛的计划得以顺利通过。继珊瑚海海战之后,又一场航空母舰舰群之间的大规模对决呼之欲出……

第一节 "AF"方位迷局

1942年春,日军"伊号124"潜艇按照作战计划,在澳大利亚某海面执行布雷任务。然而,日军没有想到的是,"伊号124"突然遭遇美、澳两军军舰的围攻,因寡不敌众,迅速沉没。美军潜水员在其残骸中发现一个保险柜,里面有一个特殊材质的本子,他们判断这是保密级别相当高的密码本。很快,它就被送到了负责美军太平洋舰队情报任务的约瑟夫·罗彻福特手中。

罗彻福特精通数学,想象力丰富,被誉为美军的密码破译天才。在他二三十岁时,被海军部派到日本留学,做过美国驻日大使馆翻译,但他更专注研究日本密码破译。于1941年5月归国后被举荐到太平洋舰队工作。在美军太平洋舰队,他的同事称他为"魔术师",而由他担任站长的夏威夷情报站则被称为"魔术"小组,他们被美军太平洋舰队司令尼米兹奉为秘密武器。

美国人明白,日本偷袭珍珠港的本意绝非偷袭本身,那么日军挑起太平洋战争的真实意图和下一个攻击目标又是什么呢?释疑解惑的突破点就寄托在情报破获上。美军加大情报搜集与密码破译力度,动用其全部情报部门力量——主要是位于华盛顿的别号为"莫须有站"的海军情报处,位于菲律宾的别号为"头寸站"的情报站,以及位于夏威夷的别号为"皮下注射站"的情报站等。他们通力协作,共同破译日军舰队密码,并将其命名为"JN-25"。在"JN-25"面前,美军情报部门只能概略判断日军会有大动作,但具体情况无从知晓。而在日军"伊号124"潜艇中搜寻到的小本子正是让大家头痛不已的"JN-25"密码本,正是它帮助罗彻福特彻底打破了破译工作的僵局。后来,美国历史学家评价道,如果没有这个密码本,美军密码破译团队还将继续研究"JN-25"至少三个月才会有实质性进展。

日军一直以为"伊号124"沉没是意外事件,丝毫没想到它是被美军击沉的,更不曾料到密码本早已落入美军之手。美军靠着这个密码本,破译了日军大部分密码电文的内容。历史更垂青美军的是,日本原计划于1942年5月对"JN-25"进行升级,但由于战事密集,更由于日军的自负,升级一事被推迟到6月。而早在5月初,罗彻福特的夏威夷情报站就已基本能成功破译日军所有往来密电。

那么,偷袭珍珠港之后,日军的下一个偷袭目标到底是哪里呢?罗彻福特的"魔术"小组进入紧张的攻坚环节。经研究,他们发现日军通常以"A"开头的两个字母代指太平洋上美军某基地,如AG代指马绍尔群岛,AH代指珍珠港。但他们不确定日本电文中常提到的"AF"代指的是哪里。因为,他们可以确定"AF"就是日军的下一个攻击目标。正当一筹莫展之际,"魔术"小组成员中有人突然想起日军突袭珍珠港时曾使用过"AF"。经翻查,罗彻福特找到一份日军1942年初的电报,根据其内容判断,确定AF在地理位置上是中途岛!

中途岛位于太平洋中部,北纬28°13′38″,西经177°23′16″,

因其位于太平洋东西航线的中间位置而得名，由环礁组成，面积大约为5.2平方公里，距日本约2800海里，距夏威夷约903海里。一直以来它都是美国重要的海军基地，是美国夏威夷群岛的屏障，军事战略意义重大。

无疑"AF"之战，一定是决定美国命运与战争未来走向的一场大战！但仅凭推理是站不住脚的。那么，如何求证"AF"明确指的就是中途岛呢？"魔术"小组一成员想出一条妙计以试探日军的反应。罗彻福特将这个计划先汇报给了舰队司令部情报参谋莱顿，接着请示报告又交到尼米兹的手里，这一方案顺利通过。中途岛的美军用明码发电告知珍珠港基地，说岛上制造蒸馏水的机器发生故障，可能造成岛上淡水短缺。

经过两天苦苦跟踪与等待，日军终于上钩了。罗彻福特小组截获日军从海上发出的密电："据报'AF'缺乏淡水，攻击部队带足淡水！"这下终于清楚了，日军下一个攻击目标就是中途岛！根据这一结论，罗彻福特团队还分析出日军其他通信内容，而日军始终未能察觉其中有诈。据此，美军利用情报优势，已经在未来的中途岛之战中下了一步先手棋。

第二节 布局：山本五十六VS尼米兹

4月，山本五十六不顾部下反对，孤注一掷，决意举日本全部海军之力攻取中途岛，并将主力部队编为六个编队——先遣部队、北方部队、第一机动部队、攻占中途岛部队、主力部队和岸基航空部队。各部队任务及实力如下表：

编队		指挥官	任务	编制力量
先遣部队		小松辉久海军中将	侦察中途岛美驻军情况；开战前于中途岛和夏威夷群岛之间构筑潜艇警戒线，拦截前来支援中途岛的美军	巡洋舰1艘、潜艇15艘
北方部队	潜艇部队	细萱戊子郎海军中将	空袭荷兰港美军海空基地，破坏埃达克岛的美国军事设施	航空母舰2艘、重型巡洋舰3艘、轻型巡洋舰3艘、驱逐舰12艘、潜艇6艘、辅助巡洋舰1艘及若干扫雷舰和运输船、舰载机82架，陆海军登陆官兵2450人
	北方部队主力			
	阿图岛攻略部队			
	第二机动部队			
	基斯卡岛攻略部队			

续表

编队	指挥官	任务	编制力量
第一机队部队	南云忠一海军中将	空袭中途岛美军地面设施，第一时间掌控中途岛制空权，掩护部队登陆；诱敌舰队决战	重型航空母舰4艘、战列舰2艘、重型巡洋舰2艘、轻型巡洋舰1艘、驱逐舰12艘、舰载机261架
攻占中途岛部队	近藤信竹海军中将	在第一机动部队空袭中途岛美军之后登陆中途岛	航空母舰1艘、战列舰2艘、重型巡洋舰8艘、轻型巡洋舰2艘、驱逐舰21艘、运输舰船15艘、水上飞机母舰2艘、舰载机56架、大量潜艇和扫雷舰等，官兵5800人
主力部队	山本五十六海军大将	掌控全局，重点攻击美军舰队，支援北方部队	航空母舰1艘、战列舰7艘、轻型巡洋舰3艘、驱逐舰21艘、水上飞机母舰2艘、舰载机35架
岸基航空部队	冢原二四三海军中将	日军在占领中途岛之后，以岛上机场为基地，侦察珍珠港美军舰队动向，随时进行空中战斗	驱逐舰3艘、轻型巡洋舰1艘、运输舰19艘、岸基飞机214架

如此集结海上军力乃日本海军建军史上首次，可谓场面宏大，但兵力分散。山本五十六整体的作战思路是声东击西——先由北方部队派遣一支舰队佯攻阿留申群岛，并在那里的基斯卡岛和阿图岛登陆，让美军误以为美国本土遭威胁，当美军主力支援阿留申群岛时，日军趁机偷袭中途岛。同时，山本五十六还为各部队编定了行动时间表。

计划完成后，按照备战流程，日军进行了为期四天的图上演习。图演的结果之一是南云忠一带领的部队在轰炸中途岛时被美军截击成功，"赤城"号和"加贺"号航空母舰被炸沉。然而，这一结果却受到"观战"的联合舰队参谋长宇垣海军少将的指责和干预。他不能眼看着山本五十六——这位"战神"苦心制订的作战计划受到负面影响，从而动摇军心。最终演习结果是联合舰队以自欺欺人的方式获胜。

5月5日，日军发布第18号作战命令，宣布阿留申群岛代号为"AD"，中途岛代号为"AF"，攻占中途岛的计划用"MI"作为密语，凝结了无数人心血的"米"号作战计划正式诞生。鉴于图演时发生的意外，联合舰队参谋要求在开战前一周，派飞机对珍珠港进行侦察，以获得美军第一手动态。

图演结束后，日军又用两天时间召开关于作战计划的研讨会。一些将领提出了许多切实可行的修改建议：山口多闻海军少将提出，在战略上转变以战舰为核心的海战思维，将航空母舰作为核心，用战舰支援航空母舰，改组海军部队，将重点放在舰载航空兵上，而非巨舰大炮上。为此，他还提出了具体的方案。还有人提出"大和"号战列舰暂不率领需要保持无线电静默的战列舰主力，应独自活动，把截听到的敌方重要情报转告给舰队，等等。但最终由于联合舰队的高层在此次作战计划中无意进行任何修正，这些必要的建议被束之高阁。而后来真实的战场状况都不一而足地狠狠回应了这些痛点，让日本联合舰队为自己的自负付出了代价。

美军这边，有关日军作战计划的电文基本都被夏威夷情报站破译了，美军彻底掌握了日军中途岛一役的核心机密，包括日军攻击阿留申群岛与中途岛的准确日期。竟然可以轻易掌握到如此详尽的敌军作战计划？这让美军一些人开始怀疑这是否是日军的圈套！此时尼米兹毅然决定选择相信情报准确无误。尼米兹清醒地认识到，即便具备情报优势，但美军并没有从珍珠港事件中完全恢复元气。面对拥有绝对优势的日军，尼米兹决定作战遵循谨慎周全的原则，因为太平洋舰队再也经不起更多的损兵折舰了。

经过珊瑚海海战，尼米兹已经从战略上嗅到了新型作战模式的味道，他断定中途岛战役最关键的是要阻止日军不断发动的攻势，必须用中途岛上的美军航空兵尽早摧毁日军航空母舰的飞行甲板。

在这种战略思维的指导下，太平洋舰队司令部情报参谋莱顿中校结合太平洋气象、洋流等资料，研究了各方面情报后，计算出美军最佳攻击路线，并按照尼米兹的命令将他所掌握的情况以绝密文件的形式发送给驻守在中途岛的美军。美军展开了全方位布局。尼米兹亲自赴中途岛视察，重点查看了岛上的通信设备，确保太平洋海底电缆系统线路通畅，最大限度确保中途岛与珍珠港的通信不被日军监听与破译。视察之后，尼米兹还为岛上充实了装备物资，岛上的飞机由20多架增加至120多架，并配齐炮手、驾驶员，还为岛上两位指挥官提升职务，这一系列举动极大地提升了岛上官兵士气。中途岛全岛总动员，士兵们像土拨鼠一样为所有的坦克、大炮、机枪挖出掩体，军用物资、食物都被搬到地下，各种防御工事被修整到极致。

但是，尼米兹还面临着一个最重大的难题，就是可用兵力实在太少。美军原有5艘航空母舰，然而，"列克星敦"号航空母舰沉没于珊瑚海海战，"萨拉托加"号航空母舰因尚在本土修理无法参战。面对兵力上的短缺，尼米兹试图向英国借用航空母舰，但遭到拒绝。无奈，当务之急就是火速集结太平洋上仅有的

3艘航空母舰。5月底,"企业"号、"大黄蜂"号和"约克城"号航空母舰编队相继安全回到珍珠港,尤其是"约克城"号,硬是拖着十几海里的油迹驶入珍珠港船坞。"约克城"号原本预计三个月才能修好,但大战在即,尼米兹亲率专家登舰检查伤情,发现它的关键设备并无大碍,鉴于此,尼米兹下令必须在三天内完全修复。于是,"约克城"号上1400名船坞工人夜以继日,多工种同时进行。虽然此举引来民怨,但是,"约克城"号竟然奇迹般地在三天内基本修理完毕,为中途岛海战增加了一支可观的力量。

即便如此,日本总兵力仍超过美国三倍有余,占绝对优势。于是,如何运筹帷幄、占领先机就成为美军作战的重中之重。5月28日,尼米兹召集司令部将领召开联合军事会议,研究作战方案,决定出其不意打击敌人。第16、17特混编队于中途岛以北200海里处隐蔽待命,此处以"幸运角"为代号,意在对日军航空母舰实施突袭。为达到蒙蔽日军的效果,尼米兹特意命令珊瑚海海域的"盐湖城"号和"坦吉尔"号巡洋舰使用航空母舰通常使用的无线电频率发报,进行伪装。日军果真上当了,根据这一无线电信号断定中途岛海域没有美军航空母舰。同时,为提早发现敌人行踪,美军在中途岛以西构筑三道巡逻警戒线,分别于700海里处部署1艘潜艇,于300海里处部署3艘,于150海里处部署6艘。

次日一早,由斯普鲁恩斯率领的第16特混编队先行出发,由弗莱彻率领的第17特混编队随后跟上,两队将在中途岛东北约325海里的另一处代号为"幸运角"的地方会合,兵力共集中航空母舰3艘、驱逐舰14艘、巡洋舰8艘、潜艇19艘、其他舰艇10余艘、舰载机233架。同时美国本土也加强戒备,并全方位、立体化保障海军此役。美军可谓是严密部署,严阵以待!

第三节　南云忠一的误判

从5月20日开始，日军各路舰队陆续按预案开赴指定区域。山本五十六出航不久，负责巡逻的舰艇就反馈情报：陆续发现6艘美军潜艇。山本五十六坐镇指挥的"大和"号上的无线电兵则监测到美军潜艇在离他们不远处向中途岛发送长篇紧急电报，后又陆续侦察到美军在阿留申群岛和夏威夷群岛频繁活动。更有甚者，日军的水上巡逻飞机遭遇了美军水上飞机，双方还交了火。种种迹象足以表明，美军对日军行动已有所防备，并对中途岛实施了严密警戒。事实上，美军潜艇之所以未向日军发动进攻，是因为按照命令他们只需要搜集、汇报日军舰队的情况。但在日军看来，则认为是美军潜艇非常惧怕他们。山本五十六并没有将他所掌握的重要情报通报给在他前方的南云忠一的舰队，这是由于一方面山本五十六担心自己的方位会被暴露；另一方面，山本五十六自以为是地认为南云忠一也会截获这些信息，能自己处理好。这看似偶然的失误却为日军在中途岛一役中的失败埋下巨大隐患。此时的山本五十六仍坚信他们具备有利条件，能够出敌不意，成功偷袭中途岛。

南云忠一在此次战役中主要担负两项任务：一是按计划空袭

中途岛，为后续登陆部队打好前站，这一任务因必须按计划执行，所以限制性非常强；二是寻找并歼灭美军舰队，这一任务又需要在有效防御的前提下机动行事。这两项任务既艰巨又冲突，究竟要把哪项任务放在首位呢？遵照日本联合舰队的作战命令，首要任务是歼灭敌舰队，同时又被明确要求在6月5日空袭中途岛。因此，在进攻的过程中，即使没有发现美军舰队，也必须按计划空袭中途岛，否则，会给后续的日军登陆作战部队带来更大的麻烦，从而破坏整个作战计划。问题是，敌舰在哪儿？

6月3日，前进中保持无线电静默的南云忠一遇到更加恶劣的天气，浓雾笼罩下，他的舰队可以很好地躲避美军侦察机，却无法有效防御装备有雷达的美军潜艇，同时他的反潜巡逻机也无法正常工作。10时30分，是按原计划改变航向开赴中途岛的时间，然而大雾致使南云忠一不能使用旗号下达命令，使用无线电又容易暴露自己的阵位。在没有可靠情报的情况下，南云忠一及其幕僚通过缜密的推理对敌情做出判断，认为美军并没有发现他们的机动部队，美军舰队会在他们突袭中途岛后被动应战，他们完全可以在成功空袭中途岛后，转而歼灭美军支援部队。事实证明，这一判断完全是一厢情愿的误判。最终南云忠一选择使用中波发报机传达了改变航向的命令，执行空袭中途岛的任务。这一信息也被山本五十六的"大和"号战列舰接收到，为此山本五十六异常担忧，但幸运的是这一信息并没有被美军特混舰队收到，可这并不能改变南云忠一失败的命运。

按日军原计划，潜艇部队应在开战前到位，在中途岛和夏威夷群岛之间构筑一条警戒线。如果在6月2日前能到达指定区域或许还能发现前往中途岛的美国海军，但直到6月4日潜艇部队才真正就位。而此时，美军已经在"幸运点"做好伏击准备。6月5日凌晨，日军北方作战部队进攻了荷兰港，但由于天气恶劣，日军飞行员没有在北太平洋作战的经验，而且美军非常清楚日军作战的真正目标，因此，日军北方作战并没有达到牵制美军的效果，反而因为战线过长，兵力分散，产生了牵制自身的后果。相反，美军只有轻微损失。

早在6月4日清晨4时30分，首批108架九七式鱼雷轰炸机、九九式俯冲轰炸机、零式战斗机先后在日军4艘航空母舰上起飞。第二波攻击的机群构成与第一波完全一致，同样是108架。如此，南云忠一仅剩18架战斗机作为舰队21艘军舰的空中巡逻兵力。在第一波攻击机起飞的同时，南云忠一派出水上飞机对中途岛周边进行严密搜索。但他轻视了侦察的意义，没有听取参谋实施双向搜索的意见，只派出7架侦察机单向搜索，这些兵力还不到南云忠一兵力的十分之一，而美军则用总兵力的三分之一用于搜索侦察。其实，如果能保证单向搜索进行顺利，同样也可以实现搜索目的，可偏偏有3架负责搜索中央扇面区域的侦察机又出了状况，导致在这个区域发现美军舰队的时间更迟。这一事故几乎成了整个中途岛海战中日军失败的致命因素。

6月4日5时20分，美军一架"卡塔琳娜"水上侦察机发现南云忠一的航空母舰舰队，并立即通过无线电向中途岛汇报，同时，它巧妙利用云层隐蔽跟踪舰队。在日军第一波攻击机飞至距中途岛278千米时，美军另一架水上侦察机发现了它们并保持跟踪，同时，中途岛上的雷达站也早已发现这群飞机。跟踪至距中途岛56千米处，美军水上飞机发射照明弹报警，驻中途岛美军立即派出26架战斗机拦截。

空战序幕缓缓拉开。在永友丈市海军大尉的指挥下，日军零式战斗机击退美军，成功掩护日军72架轰炸机全部飞抵中途岛上空。接着，日军轰炸机对中途岛一阵狂轰滥炸。然而，轰炸的效果并未如日军所愿，他们妄图歼灭美军在中途岛的航空兵力，但早有防备的美军提前将除拦截机以外的所有飞机派往空中进行躲避。中途岛机场跑道虽然受到一定程度的破坏，但并未影响飞机起降，仅有地面20多人伤亡。比较严重的损失主要是岛上的油库和水上飞机库被摧毁，美军供油系统被破坏，后续加油工作只能手工进行。

第四节　迎接灭顶之灾

6月4日7时整，作为担负此次日军轰炸任务总指挥的友永丈市海军大尉向"赤城"号发电报，请求对中途岛进行第二次轰炸。此时，日军侦察机尚未发现美军特混编队，而南云忠一舰队的情况却已被美军掌握。7时10分，首批由中途岛起飞的6架复仇者式鱼雷机（TBF）和4架掠夺者式B-26轰炸机，在没有战斗机掩护的情况下，对南云忠一舰队进行"自杀式"攻击（只有1架TBF和2架B-26返回基地），这让南云忠一更加确定中途岛还有很强的防御能力，必须对中途岛实施第二次空袭，以彻底歼灭美军航空兵力。7时15分，南云忠一下令将原本用于攻击敌舰队的第二波飞机用来空袭中途岛。"加贺"号和"赤城"号上已经装有鱼雷的水平轰炸机又被推回机库，换装0.8吨重的高爆炸弹。

7时28分，日军侦察机向南云忠一舰队发来报告：发现10艘疑似敌方军舰，距中途岛约240海里处，但不确定是否有航空母舰。这对南云忠一来说犹如晴天霹雳，意味着他必须重新制订作战计划。经核实双方距离仅有370.4千米，如果美军舰队中也有航空母舰，那意味着双方都在彼此的攻击范围内；如果没有，凭现有实力，日军可以轻松拿下美军舰队。现在的关键是要确定美舰中到底有没有航空母舰。然而，令日军哭笑不得的是，侦察机7时28分报告"10艘军舰，疑似敌舰"，8时09分报告"敌方舰艇为5艘巡洋舰和5艘驱逐舰"，8时20分报告"敌方好像有1艘航空母舰在殿后"，8时30分报告"敌舰队中还有另外2艘巡洋舰"，前后历时1个小时。据此，南云忠一确定美军至少有1艘航空母舰，于是他决定调整作战方案，在第二次空袭中途岛之前先歼灭美军舰队。

7时45分，南云忠一已经下令暂停"赤城"号、"加贺"号上鱼雷换炸弹的工作。现在可用于作战的只有36架俯冲轰炸机，且没有战斗机护航。此时的南云忠一无比迷茫，换好了炸弹的鱼雷轰炸机都在甲板上，没有换的还在机库里；第二波零式战斗机都在空中防御来袭的美军岸基飞机；现在让轰炸机单独作战，它们无疑就是敌舰的活靶子，因为1小时前美军轰炸机的惨状就在他们眼前上演过。与此同时，友永丈市带领的第一波机群已经返航需要马上降落，否则将会因燃油耗尽而掉进海里。

在这剪不断理还乱的紧要关头，南云忠一没有采纳山口多闻海军少将"命令攻击机立即起飞"的建议，而是选择了比较保守的做法：下令4艘航空母舰立即清理甲板，先收回飞机，并调回正在空中巡逻的战斗机，要求部队临时北撤，等兵力全部集结，做好战斗准备后，再去歼灭美军特混舰队。南云忠一这一决定看似稳妥，却没有考虑时间因素与战事的紧迫性，为日军遭受灭顶之灾埋下更大祸患。而美军却时刻监视日军动态，寻找最佳攻击时机。从8时37分至9时18分，南云忠一的4艘航空母舰收回所有飞机。换上炸弹的鱼雷轰炸机再次被疲惫不堪的地勤人员推进机库，拆掉炸弹换上鱼雷。机库里忙乱不堪，卸下的炸弹还未来得及入炸弹库,就被临时堆积在机库边,这也成了"赤城"号最终覆灭的最大祸患。

7时以后的两小时,美军共派出俯冲轰炸机和鱼雷机多达100多架,然而战果甚微。但从9时20分开始,南云忠一的警戒舰连续发出美军舰载机不断来袭的报告,根据美军飞机数量,南云忠一及其幕僚才逐渐推断并意识到美军不止有1艘航空母舰。美军这一波集中攻击共派出41架鱼雷机,因为没有战斗机护航,在日军零式战斗机面前只有7架投了鱼雷,但均未命中,且只有6架幸运返航。然而,这种飞蛾扑火式的拼死冲锋为美军后续舰载机的突袭创造了便利条件。美军鱼雷机纠缠近1个小时,日军只有部分战斗机在低空对付美军鱼雷机残余力量,更多战斗机或者用完弹药,或者耗尽燃料,必须回舰重新准备才能重返天空,而这个过程恰好为美军再次攻击提供了最佳时机。

10时20分,南云忠一舰队的102架攻击机准备就绪,南云忠一下令所有飞机即刻起飞。10时24分,"赤城"号上发出起飞命令。如果从这时开始有充足的时间让南云忠一的所有飞机升空,在优势兵力面前,他或许可以掌握战争主动权。可就在第一架战斗机刚刚起飞之时,早已躲在云层中的33架美军"无畏"式俯冲轰炸机分成两队,向"加贺"号和"赤城"号直冲过来。尽管领队麦克拉斯基少校缺乏带领俯冲轰炸机作战的经验,致使大部分轰炸机的火力都集中在了先期抵达的"加贺"号上,但这一失误并未影响大局。百斯特上尉召回几架轰炸机垂直向"赤城"号俯冲下来,迅速且毫不犹豫地投下炸弹,有2枚炸弹准确命中目标。

通常,2枚炸弹的威力对这艘巨舰并不会构成大碍,关键是它们引起了"赤城"号上未来得及入库而被任意摆放在甲板上的炸弹的连环爆炸，火势又蔓延至还未起飞的飞机，引爆了机上的一枚枚鱼雷，因此"赤城"号被大火迅速吞噬，很快失去作战能力。"加贺"号则被4枚炸弹命中，几个小时后陷入一片火海，整艘军舰无任何可供躲避之地。

10时25分，从"约克城"号航空母舰起飞的十几架俯冲轰炸机直接向"苍龙"号扑去，"苍龙"号身中3枚炸弹，20分钟后舰长下令弃舰。16时13分，"苍龙"号沉没，与该舰共沉没的包括柳本柳作舰长在内的几百人。16时25分，"加贺"号沉没，舰员死亡800多人。6月5日凌晨，根据山本五十六的命令，具有象征意义的"赤城"号最终被日军自己的鱼雷击沉，舰上200多人阵亡。

第五节　反击与逃亡

战事进展至此，南云忠一舰队幸免于难的航空母舰只有"飞龙"号了。南云忠一立即命令"飞龙"号指挥官山口多闻海军中将指挥空中作战，阿部弘毅海军少将指挥海上作战。他们的任务是立即对美军航空母舰实施反击。

从"飞龙"号上起飞的18架俯冲轰炸机，在6架零式战斗机的掩护下秘密跟踪返航的美舰载机去攻击美航空母舰。在飞至距离"约克城"号大约45海里处，日军机群被"约克城"号的雷达提前监测到，美军立即派出战斗巡逻机阻截。经过激烈空战，日军最终有6架俯冲轰炸机成功扑向"约克城"号，3枚炸弹命中"约克城"号。但大火被迅速扑灭，维修队员仅用半个小时就将"约克城"号紧急修复至恢复动力。又过了一段时间，"约克城"号可以保持低航速前行了。

第一波攻击结束后，之前被南云忠一派出的"苍龙"号上的一架日军新式高速侦察机降落在"飞龙"号飞行甲板上，报告美军有3艘航空母舰。这一消息着实让日军震惊，因为这意味着"飞龙"号要应对美军3艘航空母舰。让日军更震惊的是，原本他们认为在珊瑚海海战中受重创的"约克城"号竟然完好无损。

山口多闻立即决定：南云忠一舰队剩下的10架鱼雷机，在6架战斗机的护航下，对美军航空母舰进行第二次攻击。随后，友永丈市带领机队出发，而他自己驾驶的那架飞机在空袭中途岛时已经受伤，飞机的油量也根本不够返航，显然他只能采取自杀式战斗！

  日美双方再次展开激烈空战。"约克城"号再次身中2枚鱼雷，日军只有3架零式战斗机与4架鱼雷机返回。伤痕累累的"约克城"号这次再也挺不过去了，舰长下令弃舰，但它仍漂浮在海面上。直到6月7日被日军潜艇发现，向它发射4枚鱼雷，其中2枚击中"约克城"号，1枚击中为其护航的"哈曼"号驱逐舰。"哈曼"号当即沉没，"约克城"号则于10多个小时后沉没。这期间，由于"约克城"号第一次遭攻击后被迅速修复，使得日军误以为他们第二次攻击的是美军另一艘航空母舰，美军有2艘航空母舰受伤，但实际上本次战役美军只损失了"约克城"号。因为在中途岛战役中的出色表现，"约克城"号赢得了第三枚战斗勋章。

  "飞龙"号对美军舰的攻击，是整个中途岛战役中日军的最后一次进攻。当日军轰炸任务总指挥友永丈市的机队攻击美军航空母舰时，"飞龙"号本身也成为美军攻击的目标，美军先后派出79架轰炸机袭击"飞龙"号，因寡不敌众，"飞龙"号身中4枚炸弹，均在舰桥附近，指挥官山口多闻少将最终下令弃舰，并与舰长加来止男选择与舰共沉。6月5日5时10分，日军"风云"号与"夕云"号驱逐舰向"飞龙"号发射了鱼雷。据美国资料记载，"飞龙"号被鱼雷击中后直到8时20分时沉没，射来的鱼雷刚好将甲板炸开一道出口，使被困在下层的舰员得以逃生。这些人员后来被美军军舰救走。

至此，南云忠一舰队的航空兵力基本被歼灭，中途岛的制空权仍牢固掌握在美军手中。

6月4日下午，根据联合舰队的命令，近藤信竹曾让栗田健男率领的支援部队对中途岛实施夜间炮击，但终因距离遥远，联合舰队放弃炮击决定。返航途中，日军的2艘重型巡洋舰发生碰撞。6月5日凌晨，山本五十六命令终止作战。现在他需要做的是立刻同近藤信竹的攻略部队和南云忠一舰队会合，逃离中途岛的美军攻击范围与美军舰载机的攻击范围，返回本土。撤离途中，山本五十六曾设计了几个夜袭美军舰队的作战计划，终因没有发现美军舰队变成纸上谈兵。

同日，美军还攻击了"最上"号、"三隈"号和另外2艘驱逐舰，"三隈"号葬身海底，"最上"号幸运返回特鲁克岛基地。由于天气恶劣，美军权衡利弊后，最终放弃继续追击，美军航空母舰编队东撤。第二次世界大战期间太平洋战场上具有重要历史意义的中途岛海战至此结束。

整个中途岛战役，日军战前几倍于美军战斗实力，但到战后却损失4艘航空母舰、1艘重型巡洋舰、332架飞机、阵亡千余人；而美军仅损失了1艘航空母舰、1艘驱逐舰、150架飞机，阵亡307人。

美军在中途岛海战中的胜利是情报的胜利，这一观点几近成为共识，但美军在此战中可圈可点的地方绝不仅限于此。反观日军，无论战略战术，还是指挥员的临机决断都存在严重错误。日军隐瞒了此次战场的失利，返回本土的日本联合舰队受到东京市民张灯结彩的欢迎，军民同庆胜利。此役的幸存者并未进行休整，而被直接派往前哨基地；所有伤员趁着夜色上岸，进行封闭治疗。这一史实更是将日本的耻感文化体现得淋漓尽致。

中途岛海战结束了日本海军近年来不败的神话，从此日本在太平洋战场上走向战略守势，太平洋战场向着有利于盟军的方向发展。虽然中途岛海战让日本海军颜面尽失，然而，日军并未因此停止争夺太平洋海域的步伐……

第六章

东所罗门群岛海战

1942年8月，美日两军为争夺位于所罗门群岛的瓜达尔卡纳尔岛（以下简称瓜岛）的岛上机场，爆发了人类历史上最为惨烈的热带岛屿争夺战。美日双方在海上、空中、海底、地面的搏杀持续了6个月，史称瓜达尔卡纳尔岛战役。

其中1942年8月24日至8月25日，日本机动舰队和美军特混舰队展开的对决厮杀，被称为东所罗门群岛海战。这是继珊瑚海海战和中途岛海战之后，美日双方在太平洋战争中的第三次航空母舰大对决，也是瓜岛战役第一阶段最重要的一场海战。

第一节 战前态势

1942年6月6日，中途岛海战结束，日本机动舰队失去了"赤城"号、"加贺"号、"苍龙"号、"飞龙"号4艘航空母舰，山本五十六企图消灭美军太平洋舰队航空母舰特混舰队的战略严重受挫，日本陆军南下切断美澳交通线的战略重新抬头。于是，日本陆军决定重新部署南下作战计划，所罗门群岛中的瓜岛被日军选中用以建设前哨机场，作为南下的第一步。

瓜岛是所罗门群岛的主要岛屿，全岛面积约6475平方千米，被热带丛林覆盖，岛上有土著居民。1942年6月中旬，日本海军第11设营队登上瓜岛准备修建机场，7月初又增派了第13设营队，在北岸稍微平坦的伦加河地区修建机场，计划于8月竣工。

然而，就在机场即将竣工之际，山本五十六考虑到瓜岛机场距离拉包尔基地较远、战机不足、燃料短缺等因素，建议废弃瓜岛机场。这个建议遭到陆军坚决反对，理由是为了巩固新几内亚东部，特别是新几内亚方面在莫尔斯比港的战果，所罗门群岛作为前哨基地，必须保留。为此，日本陆军决定成立由百武晴吉中将指挥的第17军，全面负责新几内亚和所罗门群岛作战。日本的海陆军争执不下，海军听说修好机场后要让给陆军，马上失去了工作激情，开始磨洋工，导致机场迟迟不能竣工，陆军飞机无法按期进驻。

美军在中途岛海战大获全胜后，士气旺盛。尼米兹决定在南太平洋进行有限反攻，一方面确保美澳海上交通线，让身处澳大利亚的麦克阿瑟不至于被日军再次困死。美军认为，攻占所罗门群岛，既可以消除日本对澳大利亚的威胁，又可以成为攻击拉包尔基地的前进据点。拉包尔是日军在南太平洋最重要的海空军据点，占领了这里，就可以为进攻日本联合舰队大本营——加罗林群岛的特鲁克岛奠定基础。另一方面，尼米兹试图通过岛屿争夺战消耗日军实力，拖延时间，等待1943年（埃塞克斯级舰队航空母舰大规模服役的时间）的到来。为此在中途岛大放异彩的斯普鲁恩斯被雪藏，准备将来指挥超级航空母舰特混舰队对日作战，而在珊瑚海和中途岛都比较倒霉的弗莱彻则再次被尼米兹启用，让他指挥由3艘航空母舰为核心组成的特混舰队。

在澳大利亚的麦克阿瑟也不甘寂寞，决定对新几内亚的日军进行反攻，这一决定导致美国的海陆两军也出现了分歧。以尼米兹为首的海军表示要攻打所罗门群岛，以麦克阿瑟为首的陆军坚持要攻打新几内亚。于是，1942年7月2日，参谋长联席会议出面协调，重新下达战役作战计划，两方作战计划都被批准。同时，瓜岛被划入美国海军的作战区域，尼米兹开始积极行动起来。

7月4日，美侦察机发现日军在瓜岛修建机场的迹象，美军临时决定修改作战计划，将夺占瓜岛作为首要目标，攻击时间定为8月7日。7月10日，尼米兹发布命令，任命戈姆利中将为南太平洋方面司令，统一指挥南太平洋作战行动。他的第一个行动就是让范德格里夫特少将率领海军陆战队第1师进攻瓜岛。

1942年8月7日，由31艘运兵船和60艘各种战舰组成的美澳海军联合舰队向瓜岛扑来，瓜岛战役拉开帷幕。在这支庞大的舰队中担任海上机动掩护的是弗莱彻指挥的特混舰队，该舰队以"萨拉托加"号、"大黄蜂"号、"企业"号3艘航空母舰为核心，由"北卡罗来纳"号战列舰、6艘巡洋舰、16艘驱逐舰和3艘油船提供支援。为掩护运兵船、防止被日本联合舰队突袭，该舰队还组成了以8艘重型巡洋舰为核心的南、北两个警戒群。运兵船满载着范德格里夫特少将的海军陆战队第1师共计1.9万人，负责瓜岛登陆作战。

　　此时，日军在瓜岛的机场尚未竣工，岛上日军由海军设营队员2000人和海军陆战队员230人组成，陆军第6航空队战斗机队和三泽航空队预计8月21日从拉包尔出发进驻瓜岛。

　　美军展开攻击时，在岛上磨洋工的日军毫无防备，美国海军陆战队第1师顺利登上瓜岛。经过一天的战斗，美军于8月8日夺取了日军在建的瓜岛机场，随即命名为亨德森机场，海军航空兵从航空母舰上起飞进驻机场。

　　日本陆军获悉即将建成的瓜岛机场意外丢失，率先组织航空力量反扑。8月7日，由51架日军飞机组成的日本陆军航空兵编队从拉包尔基地出发，攻击瓜岛。但被美国海军雷达发现，遭到美军舰载机部队拦截，日本损失16架战机，美军舰队则损失轻微，只有1艘运输船被日军飞机击中，大火一直燃烧到深夜。

　　驻扎在拉包尔基地的日本海军第8舰队，指挥官三川军一中将于8月7日14时出发，率领麾下5艘重型巡洋舰、2艘轻型巡洋舰在1艘驱逐舰引导下，全速扑向瓜岛。8月9日，三川舰队逼近位于瓜岛北部的萨沃岛海域，首先发现了仍然在燃烧的美军运输舰，并据此测定了美军的距离，随后悄悄发射了20多枚威力巨大的"长矛"鱼雷，美军毫无察觉，重型巡洋舰"阿斯托里亚"号、"文森斯"号、"昆西"号被击沉，随行的澳大利亚重型巡洋舰"堪培拉"号也一同葬身海底。凭借美舰爆炸的火光，日舰继续实施炮击，美重型巡洋舰"芝加哥"号受重创，美军负责掩护的南北舰队几乎全军覆没。然而，和突袭珍珠港时的南云忠一一样，此时的三川军一认为美军航空母舰就在附近，于是下令全速撤退！

此战以日军大胜而告终，日军方面仅有2艘重型巡洋舰"鸟海"号、"青叶"号受轻伤，美军4艘重型巡洋舰被击沉，1艘重型巡洋舰和2艘驱逐舰被击伤，史称萨沃岛海战。日本海军又一次展示了其强大的夜战能力。

三川军一的胜利，让日本陆军和海军联合舰队做出了轻敌的误判：深信瓜岛方向只是敌军小股力量的侦察或者破坏机场的袭扰作战。于是参谋本部命令一木清直联队，登陆瓜岛扫除"残敌"。

这位一木清直就是于1937年7月7日在卢沟桥打响全面侵华战争第一枪的罪魁祸首。他的部队原本是配合海军攻击中途岛的，1942年8月16日，这支陆军受命从联合舰队总部出发，开赴瓜岛，所有人员分乘6艘驱逐舰，于8月18日在瓜岛登陆，此处距亨德森机场约40千米。

8月21日凌晨，一木清直联队对美军发起正面攻击，然而由于人数上的悬殊和重装的缺乏，一木清直联队近800人战死，15人被俘，大约100名士兵脱逃至瓜岛丛林深处等待救援，一木清直大佐本人也在烧掉军旗后，被美军坦克碾压而死。

第二节 日军计划

一木清直联队的覆灭引起日本陆军参谋本部和第17军百武晴吉的警觉,他们意识到瓜岛上的美军实力不容小觑。日本陆军决定由川口清健少将率领第35旅团约8000人,夺回瓜岛。

联合舰队方面,中途岛战败使山本五十六更加迫切地希望能与美太平洋舰队展开一场决战。为此,山本五十六改组了海军航空兵主力机动舰队,一是将原属第5航空战队的"翔鹤"号、"瑞鹤"号改称第1航空战队,继承了"赤城"号、"加贺"号的衣钵,而且第1航空战队的机组人员在中途岛海战中损失并不大,改组之后战斗力不降反升。

二是日本展开第二期造舰计划,将大和级三号舰"信浓"号改造为航空母舰,加快"大凤"号装甲航空母舰建设进度,启动海军应急计划,将大型商船改造为"隼鹰"号、"飞鹰"号、"云鹰"号3艘准舰队航空母舰,将轻型航空母舰"瑞凤"号,水上飞机母舰"千岁"号、"千代田"号改装为舰队航空母舰。但此时这些航空母舰尚未完全准备好,山本五十六能使用的战舰只有"翔鹤"号和"瑞鹤"号,以及老旧的"龙骧"号。

指挥官方面,依然由南云忠一出任机动舰队司令官,备受后辈推崇的小泽治三郎因为资历问题继续枯坐冷板凳。平心而论，南云忠一在珍珠港的表现优异（尽管没有炸油库，但是展现了其航行数千海里不被发现的潜行绝技），在印度洋威风八面，在中途岛还算中规中矩（太多偶然性因素，没法控制）。从作战实绩看，他是日本海军当时第二位拥有击沉美军航空母舰战果的指挥官（另一位是击沉"列克星敦"号的高木武雄，而击沉"约克城"号的山口多闻的战果则被算在了南云忠一的账下）。此外，他在中途岛积极挽救了第1航空战队和第2航空战队除"飞龙"号之外的大量有经验的机组人员，因此他的续任当时并没有引起太大波澜。不过南云忠一大概也知道，这次是最后的机会，不容有失。

鉴于美国航空母舰在中途岛展现的强大战斗力，山本五十六急于寻求舰队决战机会，试图利用自己海军航空兵的质量优势一举消灭美军的航空母舰。瓜岛当前的态势使他意识到，美日围绕瓜岛争夺正处于一种对峙状态，美海军必将前出至瓜岛外围海域进行不间断的护航支援、火力支援、空中支援作战。于是，为实现舰队决战企图，山本五十六将联合舰队所有作战舰艇投入到南太平洋战场，包括近藤信竹中将指挥的第2舰队、南云忠一中将指挥的机动舰队和山本五十六乘坐的旗舰"大和"号战列舰。它们纷纷赶往加罗林群岛的日军联合舰队司令部所在地——特鲁克基地会合。8月23日，日军联合舰队于所罗门群岛东北200海里处的海域集结完毕，编为5个战术群。

机动舰队由南云忠一中将指挥，编有航空母舰"翔鹤"号、"瑞鹤"号，2舰共载有战斗机53架、轰炸机41架、鱼雷机36架。基于中途岛战役的教训，日军调整了航空母舰舰载机比例，增加了轰炸机,减少了鱼雷机。为南云忠一提供护航及侦察工作的依然是2艘战列舰、3艘重型巡洋舰和11艘驱逐舰。这些战舰担负主攻任务,当美军舰载机被牵制机群吸引时,乘机攻击美军航空母舰。

侦察舰队由近藤信竹中将指挥,编有旗舰重型巡洋舰"爱宕"号、主力战列舰"陆奥"号和1艘水上飞机母舰 "千岁"号,载有水上飞机22架、巡洋舰6艘、驱逐舰8艘。这些战舰主要负责侦察敌军舰队的动向,日军吸取了中途岛战役的教训,试图运用"千岁"号上的水上飞机,强化战场侦察,及早获取战场感知情报。

日军以轻型航空母舰"龙骧"号为首的牵制舰队,负责完成山本五十六麾下的怪才黑岛龟人大佐提出的全新航空母舰作战计划:在机动舰队前方40海里,发起牵制性进攻,负责引诱美军,暴露其军航空母舰位置,为南云忠一的攻击提供机会。重型巡洋舰"利根"号因为在中途岛的糟糕表现,被编入舰队算是惩罚,此外还有2艘驱逐舰"天津风"号和"时津风"号。除了"利根"号之外,这个舰队的构成都是些老旧船,即使被击沉了也不可惜。

此外,按照黑岛龟人一贯将简单问题复杂化的习惯,日军还编制了一个轰炸机场的对岸射击群和一个掩护运输舰的增援群。日军还在所罗门群岛部署了10余艘潜艇形成了一道监视线。

当然,作为联合舰队大佬的山本五十六,依然坐镇在"大和"号战列舰,由1艘轻型航空母舰和3艘最新的阳炎级驱逐舰护航,在所罗门群岛以北海域全程遥控指挥联合舰队的各部作战。

第三节 美军计划

太平洋战争开始后,澳军就在新几内亚和所罗门群岛的主要岛屿上设置了64个监视点,利用这一区域航道狭窄的特点,在各个监视点之间建立通信联系,对区域内日军舰队、飞机的调动做出预警。由于日军始终没能将澳军的这些监视点拔掉,导致自己的作战行动一再暴露。

美军潜艇的侦察也为美军前线指挥官提供了准确情报。负责监视特鲁克基地的美潜艇于8月20日报告:"日军已在特鲁克地区集结了一支庞大的舰队。其编成为3~4艘航空母舰、2艘战列舰、12艘巡洋舰、20艘驱逐舰、15艘大型运输舰、160多架岸基轰炸机和战斗机。"尼米兹据此判断日军联合舰队的下一目标极有可能指向所罗门群岛海域,并立即命令麾下各部采取行动。

于是,美军迅速增强瓜岛防卫,"长岛"号护航航空母舰紧急运送了两个飞行中队的飞机降落在瓜岛的亨德森机场,加入"仙人掌航空部队"。在日军联合舰队到达所罗门群岛东北海域集结的当天,美海军第61特混舰队也在瓜岛东南海域排开阵势,美军根据情报有针对性地进行了兵力部署。

第61特混舰队由法兰克·杰克·弗莱彻海军中将指挥,这位在珊瑚海丢了"列克星敦"号,在中途岛丢了"约克城"号的倒霉鬼,这次带来了以"萨拉托加"号航空母舰为核心的第11特混大队(载有战斗机36架、轰炸机37架、鱼雷机15架)和以"企业"号航空母舰为核心的第16特混大队(载有战斗机36架、轰炸机37架、鱼雷机15架)。其实原本以"胡蜂"号航空母舰为核心的第18特混大队(载有战斗机35架、轰炸机35架、鱼雷机15架)也在弗莱彻麾下听令,但在开进途中因缺乏燃料,被弗莱彻将其调走加油而错过即将到来的战斗。相对于日军复杂周密的计划,弗莱彻几乎没有做任何准备。

此战,对比日美双方航空力量为战斗机53∶72,轰炸机41∶74,鱼雷机36∶30,美军有数量优势,日军大都是战前培训的飞行时长超过2000个小时的老兵,因此双方实力在伯仲之间。但这次美军没有了中途岛为其提供不间断侦察的"卡特琳娜"水上飞机,加上美军潜艇部队没有配合特混舰队作战,日军有潜艇警戒线,还有专门负责搜索的水上飞机母舰,因此这次美军在战场感知能力上要弱于日军。

1942年8月23日,日军联合舰队机动部队"翔鹤"号、"瑞鹤"号与美特混舰队"企业"号、"萨拉托加"号正在不断接近,大战一触即发。

第四节　逐鹿东所罗门

美军特混舰队抵达瓜岛东部海域时，由于日军在该海域建立了潜艇监视线，其中的1艘潜艇很快发现了美军舰队，并立即报告给了山本五十六。这次南云忠一中将在"翔鹤"号旗舰上，也接收到了这个情报。急于复仇的南云忠一随即下令机动舰队向南接近美舰队，等待牵制群的信号，做好出击准备。

就在机动舰队磨刀霍霍的时候，黑岛龟人的复杂剧本又一次出了问题，原本应该在机动部队取得决定性胜利之后出击的运输舰队，不知道是被舰上的陆军"马鹿"①催得急，还是因为知道机动舰队在附近有恃无恐，率先被美军侦察机发现，暴露了目标。

弗莱彻收到侦察机的报告："日本登陆输送队在2艘巡洋舰、3艘驱逐舰的护卫下，以17节航速向瓜岛驶近。"弗莱彻立即下令搜索附近海域，但这次美军侦察机的侦察半径有限，未发现日军机动舰队和诱饵舰队，忙活了几个小时之后，弗莱彻终于派出了31架轰炸机、6架鱼雷机攻击日军运输舰队。瓜岛"仙人掌"

---

① 是日本汉字，笨蛋的意思。第二次世界大战期间，日本陆军与海军经常互骂对方是"马鹿"。

航空队也起飞了23架轰炸机前往预定海域。但是"倒霉"的弗莱彻却又一次扑空。这两波飞机均未能发现任何日军舰船，只好返航。

原来，日军增援群指挥官田中赖三看见美军侦察机临空侦察，当即下令"航向西北，全速前进"，拔腿就跑。加上从被发现到弗莱彻派出第一波攻击飞机之间有几个小时的时间差，使得日军整个编队从容脱离了美军飞机的作战半径。

8月23日入夜后，弗莱彻又派出5架水上飞机加强对该方向的海上搜索，所有美军飞机都没有发现目标，当日无战事发生。但这一天的一个原本意外的插曲，让弗莱彻相信了8月20日收到的日军航空母舰仍在特鲁克岛附近海域活动的情报，由此做出错误判断：联合舰队主力距离所罗门群岛海域尚远。于是他命令第18特混大队（"胡蜂"号）向南后撤补给油料，第11（"萨拉托加"号）和第16（"企业"号）特混大队则继续在马莱塔岛以东海域保持戒备。上述决定让弗莱彻中将在即将发生的海战中失去了三分之一的海上作战力量，也最终让自己丢了官。

第二天早晨，弥漫的大雾使海上能见度降低，黑岛龟人的大戏正式开场。日军大部分战术群已经到达马莱塔岛东北海域，其中，运输舰队位于瓜岛北方约250海里处，机动舰队位于登陆编队东面约40海里处，这两支战术群的南面是故意靠前配置、充当"诱饵"的"龙骧"号轻型航空母舰。与此同时，美军两个特混大队在马莱塔岛东南海域，与日军相距300余海里，均进入对方舰载机作战半径内。

日军根据情报，判断对方航空母舰就在附近海域活动，只是不清楚具体位置和兵力情况，美国人却以为联合舰队主力仍在特鲁克地区，仍执着于搜索前一日丢掉的日军运输舰队。

8月24日，美军侦察机率先发现了日军"龙骧"号航空母舰，并报告："距离第61特混舰队西北约280海里处，发现航空母舰、巡洋舰各1艘，驱逐舰2艘。"不过弗莱彻因为深信日军航空母舰不在瓜岛，所以怀疑该情报的准确性而未采取任何攻击行动，转而进一步核实敌情，为此他派出了由"企业"号航空母舰起飞的23架舰载机进行大扇面空中搜索。

作为诱饵的"龙骧"号航空母舰发起了自己在太平洋战争中的第一波也是最后一波攻击：6架轰炸机和15架战斗机前去攻击瓜岛亨德森机场，引诱美军发现自己。虽然这波次飞机遇到了"仙人掌"航空队的猛烈还击，大半被击落且没能对亨德森机场造成任何破坏，但诱敌成功。弗莱彻收到瓜岛的敌情通报后，再次做出错误判断：这是日军主力航空母舰编队！于是弗莱彻锁定"龙骧"号，集中力量向其发起攻击。他命令"萨拉托加"号航空母舰出动了30架轰炸机和8架鱼雷机，伴随22架战斗机掩护，直扑"龙骧"号。之前无谓的搜索和这次对诱饵的攻击，让弗莱彻原本可用的176架舰载机机组，只剩下93架，其中大部分还是战斗机。而"翔鹤"号和"瑞鹤"号上，南云忠一拥有130架舰载机，且都是经验丰富、带着刻骨仇恨而来的王牌机组，美军不仅在质量上处于劣势，还丧失了原有的数量优势。

随后，"企业"号航空母舰的侦察机发现了日军大规模舰群和其中的2艘航空母舰，确认是南云忠一的机动舰队。与此同时，日军先后有2架侦察机飞临美军航空母舰编队，并在被击落之前报告了美舰位置。

弗莱彻顿感形势不妙，他首先想到的是设法让已经派出的两波舰载机攻击群改变攻击目标，放弃"龙骧"号转而攻击日军机动舰队的"翔鹤"号和"瑞鹤"号，但南太平洋潮湿的天气让美军无线电联络时断时续，根本没法联系上攻击机群。于是拥有丰富挨炸经验的弗莱彻，随即下令增加空中巡逻和甲板待命的战斗机数量，以做好防空准备，并变换编队队形为防空环形队。同时他命令两个特混大队"萨拉托加"号和"企业"号分散活动，散开10海里距离以分散日军攻击，就近躲入云雨区下，同时排空航空燃料管，组织战斗机展开对空拦截攻击。安排好这一切后，弗莱彻习惯性地扣好帽子，等待命运的安排。

命运的确眷顾了他，美军到达目标"龙骧"号上空后，30架轰炸机、8架鱼雷机对着正逆风航行的"龙骧"号展开了攻击，美军的"无畏"式俯冲轰炸机从4200米高度冲向"龙骧"号，鱼雷机则从左右舷60米高度、270米距离投雷，"龙骧"号瞬间被4枚炸弹和1枚鱼雷命中，变成了一条"火龙"，舰体破损大量进水，导致左倾20度，这艘训练舰于当日傍晚沉没。"龙骧"号的舰员由"利根"号救起，这艘自带霉运的重巡洋舰，因为目睹了第五艘航空母舰的沉没，被视为"不吉利"，被永久驱逐出了机动舰队编制序列。

另一边，南云忠一接到"龙骧"号发出的电报，知道对手咬钩，时机已到。同时，负责对海侦察的部队这次没有搞砸，顺利发现美军航空母舰的位置。虽然侦察机被美军击落，但是作为航海专家，南云忠一迅速测算出美军航空母舰的准确位置，于8月24日下午派出"翔鹤"号舰载机群发起第一波攻击，出动攻击机27架、战斗机10架。然而，南云忠一的过度谨慎，让他犯了一个不小的错误，就是仅仅出动了可动用兵力的五分之一。

南云忠一经过仔细测算，于1小时后，又派出"瑞鹤"号舰载机队发起第二波攻击，出动攻击机27架、战斗机9架。南云忠一的企图是从两个方向发起攻击，分散美军的防空力量，便于日军破防。这两波攻击的目标都直指弗莱彻的航空母舰编队。南云忠一总共只投入了约一半兵力，一则是对他手下这帮老兵很有信心，二则是想保留出第二招的实力。他同时命令机动舰队继续向美舰队接近，试图拉近攻击距离，便于再次攻击。

"企业"号上的雷达发现"翔鹤"号上的第一批日军飞机于88海里外来袭，弗莱彻指望像中途岛海战那样碰运气，立即命令放飞2艘航空母舰上剩下的13架轰炸机和12架鱼雷机，前出攻击日军航空母舰。待命于甲板上的其余战斗机也全部升空。此时，美军空中警戒战斗机的数量达到了53架。

担负空中警戒任务的美战斗机向"企业"号报告敌机进入目视范围。"企业"号上的战斗机引导员原计划于日军飞机展开攻击队形前引导飞机进行拦截，但由于当时战场环境内的各作战平台之间通信过于频繁而导致通信阻塞，无法及时发出引导截击命令。经验丰富的日军虽无雷达导航，但利用云层迅速脱离了美军拦截机群的纠缠，并借助对手频繁的无线电通信导向猛扑"企业"号。

日攻击机群飞临距离"企业"号航空母舰约30海里处，立即展开成攻击队形，准备开始攻击。一时之间美舰雷达显示屏上回波混杂，刚刚学习雷达的菜鸟们根本无法区分敌我，不能有效地指挥拦截。弗莱彻布设的防空网成了摆设，好在美军和中途岛一样，充分发挥了灵活机动的战术精神，在距离"企业"号航空母舰25海里处各战斗机纷纷自主对日军飞机实施拦截，一片混乱中，日军损失6架战机，但获得了攻击"企业"号的机会！

突破拦截的日军飞机集中对"企业"号航空母舰实施俯冲轰炸，美军紧急变换防空队形："企业"号位于队形中央，9艘护卫军舰环护于周围，用高射火力密集地进行拦阻射击。同时，"企业"号以大舵角随机急转规避日军攻击。

由于美军防空炮火猛烈，日军7架航速较慢的97式鱼雷机在占领攻击阵位前就被全部击落，但11架99式俯冲轰炸机突破美军火网，对"企业"号投下250公斤炸弹，其中3枚命中"企业"号，4枚为近失弹。

日军这帮有着超过2000小时飞行经验的老兵战斗力果然强悍！

此时如果"瑞鹤"号攻击群到达"企业"号上空，那么"企业"号将在劫难逃。但南云忠一计算了1个小时的夹击攻势，飞机却在飞临美军航空母舰上空50海里之前耗尽了燃料，只能选择返航。如果南云忠一没有把问题搞得那么复杂，将他的两个攻击群合在一起的话，"企业"号很可能已经不存在了。南云忠一的谨慎再次让他成为被指责的对象。

"企业"号两座升降机被炸毁并引发大火，炸死72人，舰体因进水而横倾。按照中途岛的经验，航空母舰飞行甲板中弹后，即使不沉也在短时间内难以恢复，于是南云忠一向山本五十六报告击沉、重创美军航空母舰各1艘！

但这艘美国军舰叫"企业"号！"翔鹤"号攻击机群离开后，优秀的设计体现出了它良好的抗打击能力，"企业"号损管队仅用1个小时就扑灭了大火，同时通过紧急抢修，恢复了舰体平衡，航速也恢复到24节，紧接着修理人员又填好了飞行甲板上的窟窿，勉强能够接受飞机着舰。

然而，弗莱彻的表现实在太差，他派去攻击南云忠一航空母舰主力编队的舰载机攻击波——从"企业"号起飞的11架轰炸机和7架鱼雷机——甚至未能发现日军机动舰队，最终在燃油耗尽之前扔掉炸弹、鱼雷返航。这等于经过一天折腾，美军都没有搞清楚敌人在哪里！入夜，害怕日军夜袭的弗莱彻赶紧南下与"胡蜂"号会合。

就在这时，战场发生了又一个变化。原本掩护近藤信竹舰队的"千岁"号水上飞机母舰，在"阳炎"号驱逐舰护卫下向日军运输舰队靠拢，却被从"萨拉托加"号上起飞的2架轰炸机和5架鱼雷机发现。这次美军虽然只击伤了"千岁"号水上飞机母舰，但刺激了山本五十六敏感的神经，本来就对南云忠一肚子怨气的他，觉得南云忠一一定谎报军情，认为美军航空母舰至少还有1艘，加上美军还有岸基航空兵支援，日军处于劣势。

鉴于联合舰队此时能够作战的航空母舰只有"翔鹤"号和"瑞鹤"号，山本五十六不敢再赌，反复权衡后，下令部队撤出战斗。南云忠一机动舰队接到命令后以28节高速向北撤离。

整个战役过程中，南云忠一机动舰队只顾搜寻美军航空母舰复仇，根本没有保护增援群陆军"马鹿"的意思。运输舰队这边接到南云忠一的作战通告，信以为真，而山本五十六在撤退时甚至没有通知他们。以为美军特混舰队航空母舰已经丧失战斗力的运输舰队，决定立即南下将陆军川口清健少将的增援部队送上瓜岛。结果，从亨德森机场起飞的十几架飞机在距离瓜岛以北240海里的地方对日军运输舰队进行攻击，"睦月"号驱逐舰被击沉。回过神来的运输舰队赶紧掉头逃走。此事让日本陆军高层极为愤怒，认为海军完全不顾陆军死活，日军著名参谋辻政信亲自前往"大和"号上向山本五十六问罪。

8月25日后，美日双方均撤出战斗。弗莱彻责令"企业"号开回珍珠港大修。南云忠一一度十分激动，固执地认为美军特混舰队仍在所罗门群岛海域，坚持搜索美军航空母舰，当然一无所获，机动舰队不得不返回特鲁克基地，东所罗门群岛海战落下帷幕。

此战双方都乘兴而来、败兴而归，打得都不过瘾。从战果对比看，日军被击沉航空母舰、驱逐舰各1艘，被击伤水上飞机母舰、驱逐舰各1艘，机动舰队损失飞机16架，"龙骧"号损失飞机41架，岸基飞机损失29架，美军则仅有"企业"号航空母舰被击伤，损失飞机17架。双方打了个遭遇战就各自退走，损失都在可接受范围之内。

从指挥角度来看，南云忠一找到了美军，而美军没有发现南云忠一，黑岛龟人的诱饵计划算得上成功，但是南云忠一在指挥上的犹豫和保守再度让日军精心策划的攻击没有发挥最大威力。美军方面，弗莱彻彻底证明了自己不适合指挥大型航空母舰舰队作战，可以说犯下了一系列错误，有些甚至是致命的。开战前莫名其妙的分兵，吞下日军诱饵，防空战斗机部署不当，等等。但是美军在技术上和数量上的优势弥补了这些错误带来的恶果，让"企业"号逃过一劫。

美军此战暴露出一系列技术问题，包括雷达导航、无线电通信等，在日后很快得到解决，表现拙劣的弗莱彻被尼米兹撤职，派往阿留申群岛指挥作战。美军中出色指挥"企业"号的金凯德少将被升任航空母舰特混舰队指挥官，他将在圣克鲁兹海战中与南云忠一展开较量。此战后，尼米兹用现有兵力拖住日军的战略企图没有发生变化,他在等待1943年,那时埃塞克斯级舰队航空母舰即可大规模服役。

日本这边在战略上依然糊涂,特别是海陆军战略分歧严重影响了作战效率。海军联合舰队的目标是美军航空母舰特混舰队,陆军的目标是夺回所罗门群岛的前哨阵地,两边相互不通气,不知道对方的意图,于是只能各自为战。更有意思的是,此战之后,日本联合舰队在"作死"的道路上一路狂奔。他们开始执迷于在航空母舰攻击计划上搞"创新",首先是轻型航空母舰"诱饵"战术;马里亚纳大海战时,新任机动舰队司令长官小泽治三郎海军中将又发明了不顾飞行员疲劳的"穿梭轰炸"战术;到了莱特湾海战,联合舰队司令长官丰田副武海军大将的"捷"号作战计划,更是将整个机动舰队做诱饵。这一系列的所谓"创新",一方面导致优秀飞行员损失太快,难以及时补充;另一方面则体现为日军缺乏整体作战规划,最重要的是航空母舰部队没有得到应有的重视。

东所罗门海战被普遍认为是美国获得了或多或少的战术和战略上的胜利,因为日本失去了更多的舰只、飞机和机组人员,以及日军向瓜岛的增援行动被推迟。总结该战役的意义,历史学家理查德·弗兰克认为东所罗门海战无疑是美国的胜利,但除了训练有素的日本航空母舰飞行员进一步减少外,长期的影响很小。无法利用慢速运输舰运送的(日本)增援部队不久将通过其他方式到达瓜岛。

岛上的争夺战在随后2个月陷入僵局。1942年10月24日,"企业"号航空母舰在珍珠港完成大规模维修后回到南太平洋,正好赶上圣克鲁斯群岛战役。

第七章

圣克鲁斯海战

1942年8月的东所罗门群岛海战之后，美日瓜岛上的消耗战进入白热化阶段。日方潜艇部队大显身手，在瓜岛附近用鱼雷重创了美军"萨拉托加"号航空母舰，这艘由战舰改装的老式航空母舰被迫返回珍珠港大修；9月，日本潜艇又击沉了美军轻型航空母舰"胡蜂"号。接二连三的打击让美国太平洋舰队元气大伤，只剩下"企业"号和"大黄蜂"号两艘航空母舰可以出战。而日本方面通过紧急改造计划弄出来的"飞鹰"号、"云鹰"号和"隼鹰"号航空母舰终于被编成第2航空战队加入南云忠一的机动舰队，原来的第1航空战队又补充了"瑞凤"号轻型航空母舰，加上"翔鹤"号和"瑞鹤"号，南云忠一机动舰队再次拥有了6艘航空母舰的强大作战力量。山本五十六迫不及待地渴望动用他的机动舰队重新夺回瓜岛制海权和制空权，同时消灭美国太平洋舰队的航空母舰，取得瓜岛战役的胜利。

第一节 战前部署

1942年8月的东所罗门群岛海战，日军以损失数十架战机的代价，重创了"企业"号航空母舰，8、9月间又接连干掉"萨拉托加"号和"胡蜂"号，于是在山本五十六的账本里，美国海军太平洋舰队就只剩下"大黄蜂"号这1艘航空母舰可以用来作战。

另一边，联合舰队的作战主力、以航空母舰为核心的南云忠一的机动舰队，不仅补充了航空母舰，还补充了一大批飞行员，战机数量已经上升到300多架，虽然和珍珠港时期超过400架的战斗力不能同日而语，但是已经接近中途岛战役时的战斗力。相对于美军"企业"号、"大黄蜂"号的100多架的战斗力，日军已经有了压倒性优势。

鉴于上述情况，山本五十六麾下的参谋们，再次制订了一个海陆军联合进攻夺取瓜岛的作战计划，并通过日军"大本营"，将命令下达给陆军第17军的百武晴吉执行。陆军虽然很郁闷，但南太平洋作战之所以搞成这样，自己要负主要的责任，既然联合舰队愿意援助，只好先勉为其难地接受海军指挥。就这样，日本海军凭借联合舰队司令山本五十六自开战以来建立起的巨大影响力，成功实现了东乡平八郎前辈都没有实现的梦想——指挥日本陆军作战。这是整个太平洋战争中，日本海军第一次指挥陆军作战，因此，东京的日本海军省和海军司令部都颇感扬眉吐气。

山本五十六吸取了之前的教训，将机动舰队的两个航空战队分开部署，南云忠一指挥第1航空战队"翔鹤"号、"瑞鹤"号和"瑞凤"号，第2航空战队交给近藤信竹海军中将指挥，下辖"飞鹰"号、"云鹰"号和"隼鹰"号航空母舰。这样编组的目的，一是鹰级航空母舰都由商船改装，航速不及"双鹤"，强行混编在一起，容易导致舰队机动力下降；二是山本五十六对南云忠一逐渐丧失耐心，而近藤信竹是当时联合舰队中资历仅次于山本五十六的老将，长期担任联合舰队参谋长，曾在南太平洋新几内亚作战中立有战功，熟悉当地海情；三是空出联合舰队参谋长的位置，山本五十六安置了自己的亲信宇恒缠海军少将。

为了配合航空母舰作战，山本五十六还从联合舰队本队中分出4艘金刚级战列巡洋舰，分别是"金刚"号、"榛名"号、"比睿"号和"雾岛"号，负责掩护作战。这4艘战舰是日本当时可以跟得上航空母舰航速的所谓"高速战列舰"，实际上4艘都是20年前的老船，装甲防护能力与美军"华盛顿"号、"北卡罗来纳"号、"南达科他"号等20世纪30年代末完工的新型战列舰相比差距甚远。其他辅助战舰中值得一提的是联合舰队第一祥瑞"雪风"号驱逐舰，被编入第10驱逐舰战队，掩护"双鹤"。联合舰队第二祥瑞"时雨"号也负责"掩护"陆军增援舰队。它们的威力很快会显现出来。

美国海军也开始调整战略部署。针对大西洋德国海军以潜艇为主的作战模式，美军将"南达科他"号等大型战舰尽数抽调前往太平洋。珍珠港内被日军重创的6艘老式战列舰被拖回本土大修，尼米兹急切盼望的埃塞克斯级舰队航空母舰和独立级轻型航空母舰已经开始批量组装，有望在1943年春天交付6～10艘航空母舰，海军航空兵飞行员航校也会提供800～1000个舰载机机组。中途岛海战的英雄斯普鲁恩斯海军上将被尼米兹留在身边，让他积极筹划新的航空母舰特混舰队的人员编组和舰队构成。

尼米兹认为，拖住和消耗日军的关键是瓜岛上的亨德森机场和"仙人掌"航空队，为此他从驻扎在珍珠港的陆军航空兵中拨出50架战斗机、24架攻击机和一批"卡特琳娜"大型水上侦察机，加强瓜岛的空中力量。

日本方面也认为机场是战斗的关键，山本五十六为此要求陆军不惜一切代价攻占机场。面对海军"马鹿"的这种要求，百武晴吉十分不爽，人争一口气，他决心用战果挣回面子。于是命令仙台第2师团师团长丸山正男必须在10月23日前攻占亨德森机场。曾经横扫东南亚的丸山正男对美国海军陆战队毫不了解，于是夸下海口，声称攻下机场毫无问题。于是百武晴吉便转向联合舰队方面，要求山本五十六予以火力掩护，支援陆军攻击，用战列舰舰炮摧毁机场，山本五十六一口答应。

10月11日，日军机动舰队抵达瓜岛水域附近。为了压制瓜岛美军航空兵，掩护陆军登陆，10月13日夜，一支由"金刚"号和"榛名"号2艘战列舰、1艘巡洋舰、9艘驱逐舰组成的"炮击编队"，用360毫米舰炮对亨德森机场展开疯狂炮击，亨德森机场霎时陷入一片火海。14日夜，三川军一中将的第8舰队再次出动，第二次炮击了亨德森机场。10月15日夜，日军"比睿"号、"雾岛"号第三次炮击了亨德森机场。

连续炮击之后，美军"仙人掌"航空队损失惨重，只剩下8架

"卡特琳娜"水上飞机可以随时投入战斗，另外10架俯冲轰炸机和24架战斗机虽然幸免于难，但机场跑道被毁，燃料几乎全被焚毁，美军暂时丧失了瓜岛上空的制空权。日军趁美军损毁严重尚未修复之际，不间断组织运输船队将仙台第2师团几乎完整地运上瓜岛。岛上日军的作战人员数量急剧增加，军力规模达到2.2万人、25辆坦克和100余门各种火炮。

美军经过长期作战，人员伤病过半、士气低落，瓜岛面临失守危机。为此，美军紧急做出人员调整，将南太平洋战区司令戈姆利撤职。戈姆利是海军作战部长金上将的亲信，显然他没有理解尼米兹在南太平洋用消耗战拖延日军进攻珍珠港的战略企图，多次向尼米兹抱怨力量不够，充满悲观主义和失败主义情绪，弄得尼米兹十分不爽。他终于将这位"海军部的老官僚"撤职，换上奇袭东京的英雄威廉·哈尔西中将。这头"蛮牛"出山，不但大大振奋了瓜岛上海军陆战队的士气，还成立了人类历史上第一个海陆空三军联合作战司令部。

丸山正男在登岛后踌躇满志，准备一举攻下机场。10月23日至25日，日军按照百武晴吉的进攻计划安排了两路大军进攻美军机场。然而，丸山正男严重低估了在热带丛林中行军的难度，被丛林折磨得精疲力尽的日军，在24日和25日向占据守坚固阵地的美海军陆战队第1师发起多次大规模攻势，均被击退。24日，美海军修建大队在日军炮击的间隙加快抢修机场跑道，使战斗机能及时起飞迎战，将从拉包尔基地出发意欲空袭亨德森机场的日本陆军航空兵战机打得七零八落，日军共损失27架飞机，而美军仅损失3架。25日夜，牛皮吹破的丸山正男不得不向百武晴吉汇报"攻占机场，尚有困难"。另一方面，山本五十六急不可耐地向百武晴吉发电催促:假如陆军不迅速攻克机场,舰队将因燃料耗尽而不得不返回,无法配合。他将瓜岛战败的"锅"直接甩到陆军这边。恼羞成怒的陆军总部高级参谋辻政信甚至亲自飞到特鲁克联合舰队司令部向山本五十六问罪。

毋庸置疑,日军海陆军之间的配合存在严重问题:13日至15日,海军炮击美军机场时,陆军没有趁势攻击;24日和25日,陆军发起进攻高潮时,海军没有给予火力支援,两者的攻势恰好错开,没能形成合力。海军自认为攻击任务已经完成,剩下的事是寻找美军舰队决战,陆军则自大惯了,没有把美军放在眼里,这种"你打你的,我打我的"互不通气的做法,让日军彻底丧失了夺回瓜岛机场的最好机会。

时间回到10月23日,日军机动舰队在瓜岛海域搜索美国海军主力,并伺机决战。其中第2航空战队由近藤信竹指挥,下辖"云鹰"号(改造失败,只能用作运输飞机)和"隼鹰"号航空母舰,共有98个舰载机机组(10月22日,"飞鹰"号因主机故障返航,日军少了45个机组)。精锐的第1航空战队继续由南云忠一指挥,下辖"翔鹤"号、"瑞鹤"号和"瑞凤"号航空母舰,共有171个舰载机机组。同时,机动舰队还下辖有4艘金刚级战列舰、9艘巡洋舰和19艘驱逐舰提供护航,这9艘巡洋舰上的水上飞机,构成了南云忠一侦察战场的重要手段。两个舰队名义上统一归属机动舰队司令长官南云忠一指挥,但事实上近藤信竹也可以和山本五十六直接联系,在实际作战中,南云忠一并没有指挥近藤信竹,这就导致后来的战斗中,日军实际上是以第1航空战队的3艘航空母舰对抗美军的2艘航空母舰,丧失了数量上的优势。由于日本陆军在24日、25日两天的进攻都宣告失败,山本五十六对陆军彻底失去信心,决定让机动舰队从机动作战海域南下,寻找美军舰队决战,企图先消灭美军航空母舰独占功劳,再回过头来"挽救"陆军。

哈尔西这边将美国海军太平洋舰队几乎所有能动的水面作战力量全部压了上去:以"太平洋上的不死鸟"——"企业"号航空母舰为核心的第16特混舰队,共有82个舰载机机组,由金凯德海军少将指挥;以空袭东京的英雄"大黄蜂"号航空母舰为核心的第17特混舰队,共有87个舰载机机组,由莫雷尔海军少将指挥;以刚刚通过巴拿马运河从大西洋赶来的"华盛顿"号战列舰为核心的第64特混舰队,由斯科特·李海军少将指挥。此外,共有2艘新式战列舰、6艘巡洋舰和14艘驱逐舰担负整个舰队的掩护支援。

可见虽然日军在水面舰艇数量上处于优势,但在核心战斗力海军航空兵上面,因为近藤信竹分走了南云忠一接近4成的战力,双方舰载机的数量差不多,难分伯仲。此外美军由于在瓜岛附近的圣埃斯皮里图岛建立了前进基地,"卡特琳娜"水上飞机卓越的航程优势将再次帮助美军优先发现日军,而日军则依然如中途岛战役一般,处于盲人摸象的状态。

第二节 侦察接触

1942年10月下旬，在双方都没有察觉的情况下，两个航空母舰编队开始接近，分别是日军南云忠一的第1航空战队和美军第16、17特混舰队。不同的是，航程有限的日本海军水上侦察机搜寻美军舰队无果，但美军"卡特琳娜"水上飞机却发现了南云忠一第1航空战队所辖的"瑞凤"号航空母舰。这让哈尔西意识到，日本机动舰队可能在这一海域。好勇斗狠的哈尔西立即下令第16、17特混舰队前往圣克鲁斯群岛以北的位置，准备攻击日军航空母舰。

就在日本海军联合舰队因为迟迟没有获取美军航空母舰特混舰队的位置情报而焦急不已之时，负责空中搜索的日军水上侦察机在瓜岛东南方向发现美军第64特混舰队正驶回圣埃斯皮里图岛。山本五十六和他的参谋们怀疑第64特混舰队是美军故意设下引诱日军南下的诱饵，如果是这样，日军侧翼将暴露给美军航空母舰，他推测美军航空母舰将在东面进行作战。于是，山本五十六命令近藤信竹和南云忠一在舰队东南方向继续搜寻美军航空母舰位置，这次山本五十六算准了对手的方向，但他让近藤信竹和南云忠一分开两个方向搜索，无疑削弱了自己手上的核心战斗力——舰载机部队。

在双方的摸索中，时间来到了10月25日。

一直跟随机动舰队的美军"卡特琳娜"水上飞机呼叫来一批B-17轰炸机，从高空对南云忠一第1航空战队展开轰炸。虽然此次攻击因为高度过高，毫无战果，但这一突发事件加之日军航空母舰在前一日暴露行迹，打乱了南云忠一的计划，使他变得谨慎起来。对"卡特琳娜"水上飞机心有余悸的南云忠一决定越过山本五十六所规定的作战海域，主动开始向北转进，试图避开美军的战役侦察，将第1航空战队隐蔽起来。但不知当时南云忠一出于何种考虑，他既没有立即将新的航行轨迹告知第2航空战队的近藤信竹，也没有向联合舰队司令长官山本五十六汇报。这个上下都不知晓的决定，给日军带来灾难性后果，南云忠一也因此在战后丢了官。

直到几个小时后，近藤信竹和山本五十六才获悉南云忠一的最新位置。此时，近藤信竹第2航空战队遵照山本五十六的命令，向南云忠一相反的方向已经航行了接近7个小时。得知南云忠一北上后，近藤信竹作为下属，不得不与之配合，令第2航空战队北上。山本五十六作战室里的参谋们对南云忠一的行动极为不满，破口大骂南云忠一胆小如鼠。山本五十六严令南云忠一必须遵照原计划行动，南云忠一不得不转向朝南航行，并将航速提至26节，企图尽快与近藤信竹会合。此时无论是南云忠一、近藤信竹还是山本五十六，对美国航空母舰特混舰队的位置都一无所知。

10月25日这一天，美军依靠航程超远的"空中堡垒"B-17轰炸机和"卡特琳娜"水上飞机，对日本机动舰队的远程搜索效果极佳。

25日上午，以圣埃斯皮里图岛为基地、由"空中堡垒"B-17轰炸机改装的远程侦察机发现了日本机动部队。几分钟后，一架"卡特琳娜"水上飞机接替了它，对日本机动部队继续不间断侦察。

收到陆军航空队情报后，哈尔西命令美军第16特混舰队和第17特混舰队在圣埃斯皮里图岛东北方向250海里处会合，由之前和南云忠一交过手的金凯德海军少将统一指挥两个航空母舰编队前往圣克鲁斯群岛以北，阻截驶向瓜岛的日军机动舰队，第64特混舰队则前出到瓜岛海域，阻止日军"东京特快"号向瓜岛运输援军及补给。哈尔西虽然将他的舰队一分为二，但是核心战斗力航空母舰舰载机部队并没有分散开。

随后，美军发现了南云忠一第1航空战队麾下的3艘航空母舰，并向金凯德报告。但此时日军位于美军舰队西北375海里处，远远超出美军舰载机作战半径，金凯德并未采取攻击行动，而是命令"企业"号航空母舰全权负责搜寻和空中巡逻工作，"大黄蜂"号承担所有袭击任务，全军转向西北准备发起攻击。与此同时，第17特混舰队迅速前出，以缩短与日军南云忠一部队的距离，第16特混舰队紧随其后执行支援任务。金凯德之所以这样干是因为"企业"号两个月前才受过重伤，而"大黄蜂"号攻击经验更为丰富。

这时，一个意外打破了美军舰队的攻击计划。原来美军一架战斗机在"企业"号上降落时没能打开制动钩，撞开阻拦网，冲向停在前方的俯冲轰炸机，瞬间导致战斗机和另外4架俯冲轰炸机被撞毁，"企业"号整个飞行甲板短时间内无法使用。正当机组人员清理事故现场时，金凯德接到另一架"卡特琳娜"水上飞机的报告，发现包括2艘日军航空母舰在内的日军舰队正以25节航速向舰队驶来，已经位于舰队以西355海里处。这正是近藤信竹的第2航空战队。

得到情报的金凯德发现自己很有可能处在日本两个航空战队夹击的不利态势下。正当金凯德和参谋人员商讨行动方案时，收到同一情报的"蛮牛"哈尔西发出指令："进攻！重复一遍，进攻！"这确实符合"蛮牛"的个性，但此时金凯德的一半战机无法立即起飞，继续向北的话，很有可能面对日军五对一的攻击。尽管局势不利，金凯德没有选择逃避，即刻命令舰队提速至27节，全力缩小双方舰队的距离。

金凯德的参谋经过计算后认为，如果日军行进方向不变，那么美军可以在13—14时发动进攻。或许是担心受到南面近藤信竹第2航空战队的威胁，金凯德并没有立即派出"大黄蜂"号上整装待发的攻击部队，而是命令"企业"号继续执行下午的搜索攻击任务，他可能期望第一步先确定日军位置，而后再由"大黄蜂"号给予重击！

"企业"号甲板恢复作业后，将12架俯冲轰炸机分成6对，向西北推进200海里，执行搜索任务。半小时后，"企业"号又派出12架战斗机、12架俯冲轰炸机和7架鱼雷轰炸机组成攻击部队，沿西北方向飞行241千米，搜索攻击日本舰队。

15时10分，金凯德获悉陆军航空队B-17轰炸机在12时左右轰炸了南云忠一舰队，后者舰队已转向向北航行，双方距离已经拉开，出发的攻击群没有机会与撤退中的日军舰队交战了。尽管金凯德命令攻击群推进150海里，以求能够在入夜之前返航，但富有主动精神的"企业"号攻击群指挥官麦克拉斯基中校却命其战机前进200海里,而后又向北曲折前进80海里。他希望能像中途岛之战一样碰碰运气,但这次碰了一鼻子灰:他的这一决定使得战机燃油短缺,迫不得已在夜色中返航,危险系数明显提升。结果损失了1架战斗机、4架俯冲轰炸机和3架鱼雷机,加上中午因事故报销的5架战机,美军还没开战就已经损失了13架舰载机,第16特混舰队的参战力量缩减到33架战斗机、24架俯冲轰炸机和12架鱼雷机。此时,美军共计还有137架作战飞机可以参战。而南云忠一手上171架飞机和近藤信竹的49架飞机都毫发无损,正从西南和西北两个方向接近金凯德。

10月25日这一天,美日双方的最高指挥官山本五十六和哈尔西均命令各自的部下寻求决战时机,力求次日能够打响航空母舰间的对决。山本五十六的命令是基于自己兵力的计算和对对手实力的预估,哈尔西的命令则显得有些无谋,如果南云忠一没有改变航向,而是和近藤信竹在下午合力夹击金凯德的话,航空战力处于绝对劣势的金凯德很有可能遭到严重损失。但南云忠一转向北方和金凯德义无反顾地执行命令向北推进反而让双方三支舰队彼此都没有找到攻击目标。

10月26日晨,经过一夜相向航行的三支舰队终于发现彼此,激战一触即发。

第三节 血腥互殴

　　1942年10月26日凌晨，美军陆军航空队的水上飞机率先发现了南云忠一舰队，但情报转给金凯德时已是几个小时之后。考虑到已经过去这么久，日军舰队的位置必定发生了变化，金凯德没有发起攻击。不久，侦察机再次发现南云忠一舰队，美军参谋结合两次情报确定了日军第1航空战队3艘航空母舰的方位，决定执行战前计划，从"大黄蜂"号上起飞的29架战机组成第一波攻击，从"企业"号上起飞的18架美军组成第二波攻击，从"大黄蜂"号上起飞24架战机为第三波攻击，向日军杀去。金凯德的编组规模过小，为了保留足够的防空力量和应付可能出现在西南面的近藤信竹，他总计只派出了71架战机攻击南云忠一。

　　南云忠一也发现了金凯德舰队的"大黄蜂"号航空母舰。和对手不同，经验丰富的南云忠一从3艘航空母舰上组织了64架战机作为第一波攻击扑向对手。日军参加第二波攻击的有56架战机。南云忠一的攻击规模很大，一方面他知道日军只有眼前的敌人，没有必要留后手，另一方面他也急于要在违抗山本五十六的命令后获得一场大胜，证明自己。和上次一样，南云忠一使用了诱饵战术，故意把"瑞凤"号航空母舰放在面向美军的前沿，把

"双鹤"隐蔽在其后方。

"企业"号上出发的执行第二波攻击的美军战机发现了日本"瑞凤"号轻型航空母舰，俯冲轰炸机群钻进厚厚的云层，避开了日军正在爬高准备拦截的日本战斗机，随后调整队形，对准"瑞凤"号航空母舰俯冲，2颗航空炸弹将"瑞凤"号飞行甲板的尾部炸了一个大洞，使它丧失了收回飞机的能力。"瑞凤"号比"龙骧"号机敏，眼看无法回收飞机，便让剩余飞机全部升空，然后向北撤去，脱离战斗。

"大黄蜂"号上执行第一波攻击的俯冲轰炸机发现了"翔鹤"号航空母舰，立即发起进攻，战机投放的450公斤重磅炸弹中有6枚命中，好在"翔鹤"号已经放出了自己全部的飞机，加上这艘才服役不久的航空母舰损管设计优良，竟然躲过一劫，没有沉没！要知道南云忠一的上一艘旗舰"赤城"号，仅仅被2枚炸弹命中就报销了。美军鱼雷机被日军护航战斗机击落，致使美军俯冲轰炸机的攻击没能得到鱼雷机的配合。"翔鹤"号动力系统完整无损，立即掉头向北逃走，尽管飞行甲板已被炸得稀巴烂，但是主机舱室和机器都没有受伤。南云忠一趁机转移到巡洋舰"长良"号上，把舰队指挥权移交给了"瑞鹤"号上的角田觉治海军少将。"翔鹤"号撤出战斗使得"大黄蜂"号的第三波攻击失去目标，只是炸中了1艘日军巡洋舰。

与此同时，南云忠一的重拳也打向了美军特混舰队。金凯德的第16特混舰队抗击打经验丰富，美军"南达科他"号战列舰与2艘巡洋舰、8艘驱逐舰在"企业"号航空母舰四周组成高射炮火网，对抗日军的俯冲，同时全队向南转向，躲入云雨区。第16特混舰队身前10海里处，第17特混舰队的"大黄蜂"号航空母舰企图躲入云雨区避开日军空袭,但由于指挥混乱,结果巡洋舰和驱逐舰躲了过去,却把航空母舰给暴露了出来。

来自日军"翔鹤"号和"瑞鹤"号的64架身经百战的飞行员迅速捕捉到目标,从高空和低空分几路扑向"大黄蜂"号航空母舰。日军俯冲轰炸机从5200米的高空穿过猛烈的高射炮火直扑下来。一名日军飞行员采用自杀性俯冲,直接撞穿了"大黄蜂"号飞行甲板,紧接着2枚250公斤重磅炸弹接连命中"大黄蜂"号。几乎与此同时,日军鱼雷攻击机从"大黄蜂"号后方低飞袭来,发射的2枚鱼雷全部命中目标,"大黄蜂"号瞬间丧失战斗力。

日军攻击并未停止,几分钟后又有3枚250公斤重磅炸弹穿透前甲板,将"大黄蜂"号前方升降机摧毁,并引发舰舱内部爆炸,整艘军舰燃起大火,滚滚浓烟冲天而起,"大黄蜂"号变成了一条浮在水面动弹不得的"死鱼"。"大黄蜂"号损管队奋勇扑灭大火,护航的几艘美军驱逐舰也迅速赶来,企图利用缆绳对"大黄蜂"号进行拖航。美军防空火力全开,战机也全力俯冲,企图掩护自己的航空母舰。日本海军航空兵遭遇到前所未有的顽强抵抗,在这波攻击中损失了26架战机,接近全部战机的一半。返航的战机中,也有20多架损坏严重,不堪再战。

日军第二波攻击向"企业"号发起,攻击时由于指挥出现问题,变成了两个波次。日军第一个波次的攻击以俯冲轰炸机为主,飞临"企业"号上空,金凯德留下的大队战斗机发挥了作用,在雷达的引导下,美军战机一举击落了10架日军飞机,剩余的10多架日军飞机直扑死敌"企业"号,疯狂投弹,其中2枚250公斤重磅炸弹命中。但"企业"号运气好到了家,1枚炸弹穿透了前甲板没有爆炸,直接投进了海里。另一枚炸弹虽然炸坏了前升降机，但是日军250公斤炸弹威力有限，没有炸透钢制的升降机，机库完好无损。日军第二个波次攻击以鱼雷机为主，结果多枚鱼雷无一命中攻击，只有一架战斗机撞到了一艘驱逐舰。

  日军的这波攻击损失惨重，报销了几十架战机，其中大部分飞行员是参加过珍珠港战役的老兵，日军固执地认为鱼雷对战舰的攻击更为有效，结果导致速度慢的97式舰载攻击机变成了美军战斗机的靶子，白白损失了大量优秀飞行员。丹尼尔斯上尉当时是"企业"号航空母舰上的飞机降落信号官，负责指挥所有执行完任务返航的舰载机的降落工作。据他回忆，当一枚炸弹击中"企业"号航空母舰的升降机附近，而另外一枚的落点位于螺旋桨附近时，舰尾正好停了2架俯冲轰炸机，丹尼尔斯跳进其中一架的座舱，向来袭的日军开火，直接击落一架鱼雷机，并因此受到了嘉奖。

  接近中午时，战场态势发生新的变化。近藤信竹的第2航空战队加入战斗，他从"隼鹰"号航空母舰派出了29架战机向金凯德发起攻击。但是这波战机的飞行员多是新手，仅仅击中"南达科他"号战列舰和"圣胡安"号巡洋舰，造成轻微损伤，自己反倒被金凯德的防空战机轻易击退，10多架战机被击落。

  战至中午，金凯德的2艘航空母舰都不能起飞战机了，他不敢恋战，立即命令"企业"号尽量收回飞机，全舰队转向东南，向圣埃斯皮里图岛方向撤去。"企业"号不能完全收留所有飞机，导致大量战机落水被放弃，不过这点损失对美军来说无伤大雅，而且美军驱逐舰救起了大量飞行员。随后，美军特混舰队向南撤走，仅留下"北安普敦"号巡洋舰和数艘驱逐舰，企图将已被重创的"大黄蜂"号拖走。

日军却不愿放弃机会，2个航空战队会合后，对美军穷追不舍。为此日军临时改变了舰队编组，由阿部弘一海军少将统帅4艘战列舰高速向南猛追，由角田觉治海军少将集中指挥"瑞鹤"号和"隼鹰"号航空母舰（"云鹰"号航空母舰本作为运输飞机的母舰，没有能力参与战斗）上的海军航空兵继续发起攻击。

下午，寸步难行的"大黄蜂"号成为日军反复攻击泄愤的目标，多枚炸弹、鱼雷命中该舰，美军不得不下令放弃战舰，全员撤离。"北安普敦"号砍断缆绳，加速向南逃跑。

到了晚上，日军阿部弘一的舰队发现仍在剧烈燃烧的"大黄蜂"号航空母舰，一度希望把这艘战舰俘虏，拖回自己的基地，但又畏惧美军岸基飞机的攻击，最终用炮火和鱼雷将"大黄蜂"号击沉，当时谁也想不到，这竟然是日军海军击沉的最后一艘美军大型航空母舰。

对于圣克鲁斯海战的结果双方都不满意。

美军方面仅存的2艘航空母舰一沉一伤，已经无法对瓜岛提供空中支援。哈尔西面对强敌的拼命做法值得商榷，可能运用"存在舰队"策略保存实力是当时美军更好的选择，金凯德在指挥航空母舰作战时犯了几个错误，但总的来说他坚决执行了哈尔西的命令。美军战机损失了73架，飞行员损失35人，都在可承受范围之内，"大黄蜂"号航空母舰的损失虽然让人心疼，但其中暴露了美国航空母舰水线防御的问题，给后来的埃塞克斯级航空母舰提供了良好的启发。

日军方面2艘航空母舰遭到重创，半年内无法出战，100多架战机和大量精锐飞行员的损失更是让山本五十六心疼。联合舰队司令部所有人都认为，正是由于南云忠一在作战中拒不执行命令,转舵向北避战,才导致日军丧失了歼灭美军航空母舰特混舰队,为中途岛之战报仇的绝佳机会。南云忠一这位水雷战和航海专家因此被撤职。日军机动舰队司令长官换成了"万众期待"的海军航空兵专家小泽治三郎中将。

历史学家埃里克·哈梅尔总结圣克鲁斯群岛战役的意义时认为,圣克鲁斯是日本的胜利,这场胜利却令日本失去了赢得战争的最后希望。

美日双方的下一次航空母舰大战将发生在马里亚纳群岛。

第八章

马里亚纳群岛战役

第八章 马里亚纳群岛战役

马里亚纳群岛，是一个南北走向、绵延长达425海里的火山群岛，由大小近百个岛屿组成，较大的火山岛有16个，自北向南主要有第二大岛塞班岛、第三大岛提尼安岛、罗塔岛和最大岛屿关岛。马里亚纳群岛战略地位极其重要，位于琉球群岛、中国台湾和菲律宾以东，硫黄列岛以南，加罗林群岛以北，正扼中太平洋航道的咽喉，是亚洲与美洲的海上交通要冲，是美军进攻日本本土和远东的必经之路。

马里亚纳群岛如此重要，以至于被日军誉为"太平洋的防波堤"，在第二次世界大战后期的太平洋战场，马里亚纳群岛所属岛屿更是日本大本营决定建立的必须绝对确保的防线——"绝对国防圈"的核心所在，是日本本土的最后一道安全屏障。美军若要在太平洋战场上进一步削弱日本的工业潜力，必须占领马里亚纳群岛，作为B-29远程轰炸机基地，并为进攻日本本土扫清障碍。1944年6月间，美日在马里亚纳群岛及马里亚纳和菲律宾之间海域展开了一场大规模战役，史称马里亚纳群岛战役。对于美军而言，马里亚纳登陆战役也被称作"破堤之战"！

第一节　庞大的海战阵容

从1944年6月3日起,美军的飞机和军舰就开始对马里亚纳群岛附近的岛屿发起攻击。6月6日,米切尔海军中将率领第58特混编队从马朱罗环礁出发,向马里亚纳驶去,第5舰队司令斯普鲁恩斯海军上将担任海上总指挥,乘坐"印第安纳波利斯"号重巡洋舰随编队出海。由雷蒙德·特纳海军中将任地面部队司令,指挥登陆编队跟进在航空母舰编队的后面。

在深入日军军事要地之前,美军做了大量工作。他们熟悉了日军舰队的位置,了解到日本"联合舰队"主力所处的海域为苏禄群岛的塔威塔威岛海域。为了密切监视日军舰队动向,美军将多艘潜艇部署在吕宋岛以北、棉兰老岛以南和圣贝纳迪诺海峡等处,在菲律宾与马里亚纳群岛之间的太平洋海域内安排部分潜艇不停地巡逻。

此时的日军,却在为美军反攻的主要矛头到底指向何方这一点上绞尽脑汁,搞不清与美军太平洋舰队进行决战的战场到底在哪里。日军舰队的指挥官们经过反复斟酌后得出结论——最大的可能是在帕劳群岛附近,其次有可能在澳大利亚北部,在塞班岛附近出现的概率最小。基于上述判断,日军最终决定,将自己的航空母舰部队和战列舰部队，全部集结部署在塔威塔威岛。同时，命令提尼安岛方面的一部分舰船和航空部队400余架飞机向哈马黑拉前进，意在挑起比亚克岛争夺战。上述作战行动都以日军两次出击失败而告终。

事实表明，日军打错了如意算盘。当日军主力集中全力向比亚克岛发动进攻时，美军舰队早已将主力部队调离该岛，奔向关岛以东170海里处的海域。6月11日美军第58特混舰队出动大批舰载机，对塞班岛、提尼安岛、关岛、罗塔岛四个岛屿同时发动空袭，击落和击毁日军飞机140余架，驻扎在这四个岛屿上的日军航空兵几乎全部阵亡。同时，米切尔派出一批战列舰和驱逐舰向塞班岛和提尼安岛发起了舰炮火力袭击，但这些军舰没有接受过对岸精确射击训练，而且炮击距离过远，发射速度又太快，致使炮弹爆炸的硝烟遮掩住了目标，炮击效果很不理想。

6月13日拂晓，美军再次派出数艘战列舰、重型巡洋舰、轻型巡洋舰和驱逐舰组成火力支援群，对塞班岛和提尼安岛进行了慢速精确射击，这才摧毁了日军许多防御工事。美军如此动作，旨在实现登陆塞班岛的作战目的。此时的日军终于看清美军意图，立刻动用小泽治三郎的舰队北进出击，同时紧急动员提尼安岛的航空部队前出参战。然而，令指挥官们意想不到的是，由于遭受美军空袭，日军提尼安岛航空部队的战力已荡然无存，只有塞班岛上的守备部队还在顽强抵抗，因为他们期待着小泽治三郎的舰队能够增援。显然，远水解不了近渴，没过多久，塞班岛日军防线被彻底击溃，美军成功登陆。

6月10日、13日，美军潜艇发现，有日本舰队从塔威塔威岛起锚离港，及时向斯普鲁恩斯将军报告。斯普鲁恩斯被誉为"美国海军中最聪明的人"，他根据潜艇的报告和经验，计算出日军舰队在17日前不会进入马里亚纳海域，便命令第58特混编队按预定计划于14日分头行动。兵分两路，一路由克拉克海军少将指挥第1、4特混大队（包括7艘航空母舰、8艘巡洋舰和28艘驱逐舰），主要向北行动，空袭驻守在硫黄岛的日军，阻止日军从北面支援马里亚纳；一路由米切尔亲自指挥第2、3特混大队（包括8艘航空母舰、8艘巡洋舰和25艘驱逐舰），向马里亚纳群岛以西方向行驶，随时截击来犯的日军舰队，保护登陆部队安全。

此时，日本"联合舰队"的主力——第1机动舰队的航空母舰蠢蠢欲动。早在6月9日，日军侦察机就发现原先停靠在马朱罗锚地的大量美军军舰无声无息地失踪，日军指挥官由此推测，美军很有可能要发动一场大规模的进攻。于是，日军在6月10日命令各部立即做好战斗准备，但在作战方向上发生了误判，他们以为美军的主要攻击方向和决战海域在帛琉群岛海域，而事实上在新几内亚群岛的西北部和加罗林群岛西部。虽然很快日军指挥官们就意识到了自己的误判，但在6月11日美军航空母舰编队开始袭击马里亚纳群岛，日军仍认为这是美军牵制性的行动。两天后，当美军登陆部队出现在塞班岛海域，并开始炮击塞班岛时，日军指挥官们才幡然醒悟美军的真正意图，然为时已晚。日军下令暂停在新几内亚群岛比阿岛的作战行动，并命令参战的第1机动舰队和第5岸基航空部队火速归还建制。但第5岸基航空部队在比阿岛的作战行动中已经损耗大半，而且相当一部分飞行员都感染了登革热，无法形成战斗力。为此，日军不得不从横须贺港海军基地的海军航空兵中抽调120架飞机组成八幡航空队，火速南下参战。

6月14日傍晚，小泽治三郎舰队安全抵达吉马拉斯岛，连夜补给。黎明时分火速穿越圣贝纳迪诺海峡，向太平洋挺进。6月16日，与宇桓缠中将率领的舰只在萨马岛以东海域会合，一齐东进。

6月17日，日军舰队完成战前补给，做好了最后的战斗准备。小泽治三郎带领9艘航空母舰共搭载439架舰载机、5艘战列舰、14艘巡洋舰和31艘驱逐舰，继续向东于6月18日抵达塞班岛。

小泽治三郎将机动舰队划分为三支：第一支编队名称为第3航空战队，由栗田健男中将指挥，包括3艘轻型航空母舰、4艘战列舰、9艘巡洋舰、12艘驱逐舰、90架舰载机，承担作战前卫任务；第二支编队名称为第1航空战队，由小泽治三郎亲自指挥，共有3艘大型航空母舰、4艘巡洋舰和12艘驱逐舰，214架舰载机；第三支编队名称为第2航空战队，指挥员城岛高次少将，包括1艘大型航空母舰、2艘轻型航空母舰、1艘战列舰、1艘巡洋舰、7艘驱逐舰和135架舰载机。三支编队均以航空母舰为中心，排成环形队形，其中第1、2航空战队在第3航空战队后方约100海里处跟进。

各部交战之前，小泽治三郎信心十足，他打算借助日军飞机作战半径大的优势，从远距离对美军舰队实施打击。具体安排如下：马里亚纳群岛的岸基航空兵，先行攻击美军航空母舰编队，后用航空母舰舰载机从超远距离发起攻击，而后在马里亚纳机场备降。这样，既能使日军航空母舰编队始终处在美军攻击范围之外，又能最大限度地保存飞机战力。

毋庸置疑，这是一个比较完美的方案。但是，让小泽治三郎没想到的一个关乎战局走向的重大情况是，他意欲启用的马里亚纳群岛上的岸基航空兵,已经被美军几乎全部歼灭,而岛上的日军为了保全面子隐瞒了这一事实,所以小泽治三郎的完美计划尚未开始就已经失败了。

再说美军,"小银鱼"号潜艇13日发现从塔威塔威岛出发的小泽治三郎舰队。6月15日这天,当太阳即将落到海平面的时候,美军"飞鱼"号潜艇再次传来好消息,发现刚驶出圣贝纳迪诺海峡的小泽治三郎舰队。是日深夜,当月亮慢慢从东方海面升起的时候,美军"海马"号潜艇也传来消息,发现了在苏里高海峡东南航行的日军宇桓缠舰队。斯普鲁恩斯接到上述潜艇报告后异常兴奋,知道日军至少有两支舰队向塞班岛驶来,并且很有可能运用"分兵合围、迂回包抄"战术。斯普鲁恩斯马上下达命令:部队推迟进攻关岛时间,暂时向东躲避攻击,避开日军锋芒。

6月16日,斯普鲁恩斯决定以应对日军航空母舰编队的进攻为当务之急,临时从登陆编队中抽调5艘重型巡洋舰、3艘轻型巡洋舰、21艘驱逐舰,来充实和加强美军航空母舰编队的警戒力量。同时,命令北上的第1、第4两个特混大队迅速回撤。这两个特混大队曾于15日、16日两天连续攻击硫黄岛及父岛、母岛,以损失4架飞机的轻微代价,击毁日军大约130架飞机,并严重破坏了这些岛屿的机场,彻底消除了日军岸基航空兵会同小泽治三郎舰队夹击美军的意图。随后,两个特混大队与第2、3特混大队会合,于6月18日中午,在提尼安岛以西150海里处,集中全力准备对付来犯日军。

当五十八特混编队的四个大队会合后,斯普鲁恩斯研究认为,在美军飞机攻击距离之外,日军舰载机很有可能先发动空袭，然后迅速备降塞班岛和关岛机场，完成补给后再飞回航空母舰，在返航途中，这些舰载机极有可能对美军舰队实施二次打击，这就是所谓的"穿梭轰炸"。最后，日军还可能组织战列舰和巡洋舰实施辅助性炮火攻击。鉴于此，斯普鲁恩斯决定组建一支新的编队，仍然由战列舰和巡洋舰组成，部署在航空母舰编队以西海域，构成第一道屏障。这道屏障的作用在于：如果日军飞机来袭，此编队首先运用炮火阻截，缓解航空母舰编队遇到的压力和攻击；如果日军战列舰来袭，此编队可以首先与他们交战，最大限度地掩护航空母舰编队，保存美军空中打击力量。

根据这一计划，第58特混舰队指挥米切尔海军中将立即组建新的特混大队，由7艘快速战列舰、4艘重型巡洋舰和14艘驱逐舰组成，威利斯·李海军中将任指挥，在最西侧海域待命。此时，原先的第58特混舰队就变成了5个大队，拥有航空母舰15艘、战列舰7艘、巡洋舰24艘和驱逐舰74艘，891架舰载机，加上战列舰、巡洋舰所搭载的水上飞机，共计965架飞机。

小泽治三郎吸取中途岛海战的经验教训，从18日起至19日日出前，先后派出两批各40多架水上飞机开展严密搜索、侦察。他收到的情报是：美军舰队集结了全部军力，准备会战。而实际上，当时日军发现的不过是美军的一部分军力而已，还有约1/3的作战力量正在100海里以外的后方海域蓄势待发。美军的作战意图很明显，那就是当两军厮杀到难解难分时，这股军事力量将迅速补入，确保第二次会战成功，最后置日军舰队于死地。

第二节　密集的长空厮杀

6月19日早上,日军出动了14架战斗机、7架鱼雷机、43架战斗轰炸机,共64架飞机,发起了第一波攻击。

美军通过雷达探测到,日军飞机出现在150海里以外区域,米切尔立刻命令正在甲板上待命的所有飞机起飞。由于日军舰队在攻击距离之外,因此,只有战斗机负责拦截日军飞机,余下的轰炸机和鱼雷机则向东规避到安全空域。此次截击战斗,美军共派出250架F6F"恶妇"式战斗机。这些战斗机由航空母舰上的空中控制官指挥,在距离航空母舰70海里处的上空,飞行高度达到7600米后,被引导着对日军飞机进行居高临下的攻击。最终,美军仅以损坏1架飞机的代价击落日军飞机25架。残余的日本飞机拼尽全力突出美军飞机重围,对美军战列舰编队实施最后打击,但只有"南达科他"号战列舰被1枚炸弹击中,其余美军舰船安然无恙。最后,在美军军舰密集的高射炮火网覆盖下,又有16架日本飞机被击毁。这一战,日军一共损失41架飞机,仅有23架飞机得以撤回。

随后,日军第二波攻击甲编队128架飞机起飞(包括48架战斗机、27架鱼雷机、53架轰炸机)。令人啼笑皆非的是,当日军第二波攻击机群经过日军前卫第3航空战队时,被误认为是美军战机而遭到攻击,顷刻间损失2架飞机。

不久,日军第二波攻击机群便遭到美军飞机拦截,空战进入高潮。

此战中,美军战斗机如群狼猎食般,只要日军飞机试图分散、独自为战,它们就用强大的火力将其逼到一起,再集中全部火力、万弹齐发,射向聚拢在一起的日军飞机。美军飞行员表现出作战经验丰富、战斗热情高的军事素养。"埃塞克斯"号航空母舰的战斗机大队长不畏艰险,身先士卒,冲进日军机群,穷追猛打,一举击落日军飞机4架;"列克星敦"号航空母舰战斗机飞行员费雷西尔中尉驾驶飞机冲入日军机群,在两军相距仅60米的距离交战,只损耗子弹360发,就换回击落6架日军飞机的辉煌战果。在美军飞机炮火的猛烈攻击下,日军飞机纷纷坠海,甚至出现了15架飞机同时中弹、一起坠落的悲惨场面。胜利是最好的兴奋剂,一位美军飞行员在无线电里大声地喊道:"这真像古代的猎火鸡啊!"这是一场史无前例的海空大战,这也是享誉海战史的"马里亚纳猎火鸡"。

美军火力再猛,也总有漏网之鱼,大约有20余架日军飞机拼死突破美军飞机的重重包围。但是,这些仓皇出逃的日军战机才出狼窝又入虎穴,当他们飞临美军舰队上空时,又遭到美军高射炮炮火的密集拦截。由于美军高射炮使用了新式近炸引信,命中率极高,致使日军飞机大半受损。在这一波攻击中日军损失飞机共计97架,其中轰炸机40架、鱼雷机24架、战斗机33架,另有2架轰炸机在撤退途中爆炸并坠毁,最终仅有29架飞机返回母舰。

当然,美军并非毫发无损,其中"邦克山"号航空母舰被2枚炸弹击伤,"印第安纳"号战列舰的右舷被一架击中后坠海的日军飞机擦着,受了轻伤。

接着,日军发起第三波攻击。乙编队的49架飞机起飞,包括25架战斗轰炸机、17架战斗机和7架鱼雷机。匪夷所思的是,途中竟有16架战斗轰炸机和4架战斗机莫名其妙地与编队失散,在寻找编队无果后,自行编组向目标海域飞去,飞出了350海里,一直没有找到攻击目标,只好返回母舰。其余飞机继续飞行,途中接到母舰发来的通报,明确美军舰队的新位置。然而,当他们飞抵新位置后,却没有发现美军航空母舰。随后他们再次返回旧的目标位置,继续搜寻,没想到遇到了40架美军战斗机。双方展开激烈交火。最后,日军损失5架战斗轰炸机、1架鱼雷机和1架战斗机,虽然代价不算大,但伤了元气,消减了力量,一定程度上失去了攻击美军舰队的能力,最终被迫回撤。

从上述三波攻击返回母舰的日军飞行员,向小泽治三郎谎报军情、夸大战果,使小泽治三郎认为战果辉煌,决定出动所有飞机乘胜追击,给美军更大的打击。于是日军又向美军战舰发起第四波攻击,先后出动77架飞机。首先出动的是乙队(第2航空战队)50架飞机,但没发现目标,便按计划飞往关岛降落,在关岛将要着陆时遭到美军飞机攻击,共有26架被击落,而降落在关岛的日军飞机,因为机场跑道被炸坏,几乎所有飞机都受伤了,无法再次起飞参战。5分钟后出动的是甲队(第1航空战队)18架飞机,在飞行途中遭到美军飞机有力拦截,被击落9架,另有1架鱼雷机因伤势过重于返航途中坠海。随后,乙队(第2航空战队)再度派出轰炸机和战斗机共15架,终于找到了美军的第2航空母舰大队,立即实施攻击,1枚炸弹击中了美军"邦克山"号航空母舰，然日军飞机遭到美舰猛烈高炮火力反击，损失了5架轰炸机和4架战斗机。

值得一提的是，19日的战斗中，美军飞机没有对日军舰队实施攻击，倒是"大青花鱼"号和"刺鳍"号潜艇立下头功，击沉了日军2艘3万吨级的大型航空母舰。就在日军第二波攻击机群起飞时，美军"大青花鱼"号潜艇突破了日舰的警戒圈，向"大凤"号航空母舰齐射六条鱼雷，其中1枚鱼雷命中右舷前部升降机附近舰体，鱼雷爆炸撕裂了输油管道，6小时后，机库内积聚的原油蒸汽发生了大爆炸，不仅将装甲飞行甲板烧得严重变形扭曲，而且大火引爆了弹药舱，航空母舰内部接二连三的大爆炸，最终导致"大凤"号这艘被誉为"不沉的航空母舰"还是沉没了，1650名舰员也随舰葬身大海。小泽治三郎见势不妙，不得不转移至"羽黑"号重型巡洋舰，并以之为旗舰。日军的灾难并未结束，从菲律宾海域跟踪小泽治三郎舰队的"刺鳍"号潜艇紧接着向"翔鹤"号航空母舰发动了攻击，齐射了6枚鱼雷，有3枚鱼雷直接命中，引发航空母舰内部燃起大火、发生爆炸，"翔鹤"号先于"大凤"号航空母舰2小时沉没，1271名舰员丧生。日军怒不可遏，随即派出驱逐舰连续追踪、攻击"刺鳍"号长达3小时，"刺鳍"号灵活机动地摆脱日舰，轻伤返回塞班岛。

19日的战斗中，日军组织了4次对美军舰队的攻击，出动飞机286架次，损失192架飞机，在关岛降落的飞机也大多被击毁，航母上的舰载机只剩102架，可谓损失巨大，而美军仅有2艘航空母舰和2艘战列舰被击伤，损失战斗机23架。日军终于认清形势对自己已经非常不利，被迫停止了攻势。

接下来，就是美军出击的时刻了。

第三节　日落前的突袭

6月19日，美军完美挫败了日军的4次攻击，回收了出动的飞机之后，天色已晚。斯普鲁恩斯关于日军可能分兵合击美军的担忧被彻底消除，于是他指示米切尔部，次日起，向日军舰队撤离方向追击。根据这一指示，米切尔部署第4大队在塞班岛海域负责压制关岛和罗塔岛日军航空基地，自己则亲率其余3个大队彻夜西进，准备次日攻击日舰。

6月20日天亮后，米切尔指挥舰队一面全速西进一面出动飞机仔细搜寻，却一无所获。

原来，6月19日夜间，狡猾的小泽治三郎利用夜色掩护，指挥舰队转向西北方向撤退，有效避开了与美军舰队的正面接触。此时的小泽治三郎又有了新的打算，决定次日再度派出最后的百余架舰载机，联合已飞往马里亚纳群岛进行补给的舰载机一起打击美军舰队。

6月20日上午，由于"羽黑"号巡洋舰的通信系统较弱，小泽治三郎再移乘"瑞鹤"号，这是其所在的甲队唯一剩余的航空母舰。改善了通信情况，小泽治三郎及时掌握到了前一天的空战结果，准备实施新的计划。虽然得知大量舰载机被歼灭，仅剩百余架飞机参与新的作战任务,但这并不能动摇小泽治三郎进行"最后一搏"的决心,他仍然坚定不移地计划着协同陆基航空队攻击美军。

米切尔可不是吃素的,他知道美军舰队航速为24节,日军舰队航速仅18节,西进追寻无果,肯定是追击的航向不对,于是果断改向西北追击。20日16时许,果然收到一架飞机报告在西北约220海里发现日军舰队。由于距离较远,使美军的作战时机极为尴尬,如果出击,飞机返航时天肯定全黑了,美军大部分飞行员没有进行过夜间着舰训练,这将使其舰载机面临危险的夜间降落,但如果此时不出击又会错失战机。米切尔左右为难,经过一番激烈的思想斗争,他决心立即出击!

仅用十分钟时间,先后有216架飞机升空,其中战斗机85架、轰炸机77架、鱼雷机54架。由于航程较远,所有战机都携带了机腹副油箱。舰载机起飞后,航空母舰恢复西北航向全速前进,以尽量缩短舰载机返航的距离。然而,屋漏偏逢连夜雨,第一波攻击起飞不久,美军侦察机发现日军舰队的新位置比原来报告的还要远60海里,战事紧急,米切尔与参谋人员反复思忖斟酌后,决定不召回第一波攻击飞机,但取消正准备出击的第二波攻击飞机。

其实,就在美军飞机起飞前的16时15分,小泽治三郎就得知美军航空母舰编队正在后面穷追不舍,自己的位置早已暴露,美军飞机必定会对自己的舰队实施猛烈攻击。因此,他命令舰队马上停止补给,迅速向西北方向撤退。同时将部分水面舰只组织起来,形成新的断后编队,假装向东行驶,吸引敌军,掩护主力部队撤退。随后,他又派出残存的75架战斗机,为主力舰队实施空中掩护,并命令舰队相互靠拢,最大限度地缩小间距,以便集中防空火力。由于日军补给舰船航速较慢,逐渐被甩在后面。

第一波美军飞机起飞1小时后,首先发现了日军的补给船队,一小部分美军飞机立即前出攻击,击沉日军"玄洋丸"号和"清洋丸"号2艘油船,击伤"速吸"号油船,轻松地将补给舰船消灭殆尽。虽然攻击补给舰船浪费了一些时间,但美军机群还是在日落前飞临日军舰队上空,随即发起了密集的攻击。

此时的日军,无论是在飞机的数量、性能以及飞行员的素质上,都无法与美军相提并论了,但他们仍然不愿放弃哪怕一丝的希望,企图在水面舰艇防空火力的支援下垂死挣扎。美军岂容日军继续嚣张,毫不留情地对日军舰队实施了成功的致命打击。日军"飞鹰"号航空母舰首先被击中,随即引发爆炸,只坚持了2小时便沉入海底。"隼鹰"号、"龙凤"号、"千代田"号和"瑞鹤"号4艘航空母舰以及战列舰、巡洋舰各1艘均被炸弹击伤。其中,"瑞鹤"号伤势较重。在这次战斗中,日军合计损失65架飞机,美军有20架飞机被击落。

美军飞机完成攻击后,开始在越来越暗的夜色中返航。夜幕的降临给凯旋的美军飞机着舰造成了巨大困难。美国海军作战条令规定:海军舰队夜间航行必须实行严格的灯火管制。尽管美军航空母舰已经做好了飞机着舰的各项准备工作,但是,大多数飞行员根本看不到母舰的飞行甲板,只能在舰队上空不停地盘旋。随着时间的推移,几乎所有飞机的燃油指示灯都在报警。飞行员们打开识别灯,急切地用无线电反复呼叫航空母舰指示位置,然而,母舰没有做出任何反应。一些在战斗中受伤的飞机因伤势过重纷纷坠海,随后又有很多飞机因燃油耗尽不得不在海上实施迫降，只有少数技术高超的飞行员安全降落到了甲板上。

看到这一场景，编队司令米切尔心痛万分。他在作战指挥室里来回踱步，焦急地思考：如果打开航行指示灯，母舰甚至整个舰队很可能瞬间暴露，受到日军潜艇攻击；假如继续实行灯火管制，会有更多飞机和飞行员白白牺牲。作为指挥官，他必须尽快做出抉择。最终，他果断地下达命令："开灯！"因为他明白，失去飞机和飞行员，航空母舰也就毫无战斗力可言了。

为了让飞行员能够更清楚地找到母舰的位置，所有航空母舰都打开了航行指示灯，甚至连锚灯也打开了，水兵们还把探照灯转向空中，顷刻之间，航空母舰的飞行甲板上灯火通明。母舰不断地用无线电广播通知飞行员可以随意降落。然而，这一做法又带来了新的问题。面对飞机燃油即将耗尽，求生的欲望让很多飞行员无暇顾及母舰发出的指挥信号，争抢着降落，备降秩序陷入混乱，坠机事故频发。对落水飞行员，美军积极营救。只要发现有飞机在海面迫降，就立即派出人员前往施救。直至午夜，舰载机着舰工作才全部结束。

着舰过程中，美军飞机因迫降或撞击发生损毁的有80余架之多，是正常战损的4倍。尽管组织了全力营救，仍有49名落水飞行员伤亡或失踪。在收回大部分飞机后，米切尔立即指挥舰队向西航行，沿着飞机返航路线继续搜救落水飞行员。

按照斯普鲁恩斯的计划，原本打算在6月21日黄昏前再次出动飞机和水面舰艇乘胜追击，彻底消灭日军残余舰队。可是，21日上午，美军侦察机发现，在360海里以外的海域西北方向，日军舰队正以平均20节航速撤离战场，而美军为了营救落水飞行员，航速只能保持在16节，双方间隔越来越大。眼看着煮熟的鸭子就这样飞了，斯普鲁恩斯只好命令舰队停止追击，全速向塞班岛方向集结，支援登陆部队完成登陆任务。

20日晚8时46分，小泽治三郎接到日军"大本营"撤出战场的命令，于是指挥机动舰队本队向冲绳岛中城湾撤退，负责掩护本队的断后编队停止东进，向西北方向撤退，驶往吉马拉斯岛。此时，日军舰队仅剩37架舰载机，几乎丧失了空中战斗力。被打败后无奈撤离的日军机动舰队，2天后相继返回濑户内海。占领马里亚纳群岛的日本陆军守岛部队失去了海军支援，丢掉了制空权，陷入孤立无援中。

这场有史以来规模最大的航空母舰间海战，至此结束。日军将此次海战称为"马里亚纳海战"，美军则称为"菲律宾海海战"。日军连续向美军发动四次攻击，均被美军完美挫败。美军潜艇发动奇袭，击沉日军航空母舰，又以几艘航空母舰的舰载机为主力，一举击垮日军"联合舰队"前来参与决战的机动舰队，最终以辉煌的战绩赢得了胜利。

日军舰队共有3艘大、中型航空母舰被击沉，数艘航空母舰、战列舰、巡洋舰和油船被击伤，原439架舰载机损失了404架，舰载机飞行员损失巨大；岸基飞机损失247架，几乎全军覆没；日军出动的36艘潜艇也被击沉20艘。这对于日军而言是致命的，没有半年十个月的时间，根本无法恢复成一支现代化的舰队。日军的情况用"惨败"二字都难以形容。

这次胜利完完全全属于美军。美军仅2艘航空母舰、2艘战列舰和1艘巡洋舰受轻伤，无一艘军舰沉没，舰载机损失117架。就在美军第58特混舰队赢得海战胜利的同时，负责夺取马里亚纳群岛的登陆部队也在激烈的战斗中展现了他们的威力。经过战争历练的美军顽强作战，熟练地利用海空军的支援与配合，最终攻下了马里亚纳群岛，彻底摧毁了日军马里亚纳群岛防线。取得马里亚纳海战的全面胜利，标志着中太平洋上的制空权、制海权彻底落到了美军手里，美军此次胜利的辉煌照亮了整个中太平洋的海面。

此战之后，日本航空母舰部队无力再与美军抗衡，只能在4个月后的菲律宾莱特湾海战中成为诱饵，悲惨地被全数歼灭。

第九章

莱特湾大海战

第九章 莱特湾大海战

　　1944年6月的马里亚纳大海战后,日本机动舰队的实力从巅峰跌到谷底。大小航空母舰只剩7艘,战列舰和巡洋舰15艘,士气更是一落千丈,小泽治三郎精心设计的"穿梭轰炸"战术在美军的绝对实力面前变成了笑话。美军方面,航空母舰特混舰队已经拥有埃塞克斯级舰队航空母舰和独立级轻型航空母舰18艘,各类商船改装的各级护航航空母舰(因数量多、结构简单、易于建造,又被称为"吉普航空母舰")"吉普"百余艘,舰载机打击力量达到近千架!

　　眼看日本海军与美国太平洋舰队的差距越来越大,联合舰队司令长官丰田副武决定摒弃山本五十六以机动舰队航空母舰舰载机为作战核心的理念,采用航空母舰编队为诱饵,战列舰为核心的打法,与美军决战。为此,日本海军军令部和联合舰队总部共同拟定了一个带有自杀意味的"捷"号作战计划,将整个日本海军的舰队全部押上,要跟美国决一死战。该计划根据不同作战方向称为1—4号方案,核心意图是集中日本海军仅存的所有主力舰只与美军拼命,其中菲律宾方向被称为"捷"—1号计划。

　　1944年10月,美军登陆菲律宾莱特岛。联合舰队"捷"—1号计划启动,一场美日海军间的最终对决,在菲律宾海正式拉开。

第一节　重返菲律宾

本来美国海军总司令欧内斯特·金海军上将反对进攻菲律宾,他和尼米兹都认为凭借美国海军的巨大海空优势,可以直接越过菲律宾进攻硫黄、冲绳,而后攻击日本本土,打败日本。以麦克阿瑟为首的美国陆军则主张在菲律宾登陆,菲律宾位于日本的生命线上,战争初期美国陆军在那里被日本人俘虏了8万多人,麦克阿瑟本人落荒而逃,蒙受奇耻大辱,将菲律宾让给日本对美国来说是一件丢脸的事,麦克阿瑟于1942年逃离菲律宾时曾经发誓要重返故地,因此坚决要求夺回菲律宾。

1944年盟军的胜利形势已经明显,为了构筑战后更为有利的国际版图,同时也为了兑现赢得选举的承诺,美国总统罗斯福选择支持麦克阿瑟进攻菲律宾的计划。尼米兹见状,立即将斯普鲁恩斯召回珍珠港,将规模庞大的第5舰队改称第3舰队,司令官也换成了威廉·哈尔西海军上将。尼米兹给哈尔西的命令是在菲律宾作战中削弱日军联合舰队在东南亚的海空兵力,夺取莱特湾附近海域制海权,掩护登陆编队登陆,并保持海上交通线畅通。这是美国太平洋舰队的主力,共有16艘航空母舰(埃塞克斯级舰队航空母舰7艘,独立级轻型航空母舰8艘,加上开战前哈尔西的旗舰"企业"号航空母舰），6艘快速战列舰（其中4艘衣阿华级，可以与大和级媲美），21艘各型巡洋舰，58艘驱逐舰，其中核心战力为1200多架舰载机。

当年手握"企业"号一颗独苗就敢追击南云忠一偷袭珍珠港的巅峰机动舰队的哈尔西，现在手头有了16艘航空母舰，更是在西太平洋上横着走。8、9月间，他接连轰炸了台湾、吕宋等一系列日军基地，追着日本舰船的屁股打，一心想着把机动舰队的剩余力量打进海底。

麦克阿瑟麾下金凯德的第7舰队负责登陆支援作战。这支舰队的海军航空兵力量也不容小觑：计有18艘护航航空母舰（由商船改装的"吉普"航空母舰），21艘驱逐舰，总共拥有400架舰载机，这18艘护航航空母舰被金凯德分为三个作战分队：分别是塔菲1、塔菲2和塔菲3，负责莱特湾外围巡逻及空中掩护任务。金凯德手上还有庞大的战舰队伍：计有6艘战列舰（全部是从珍珠港打捞或修复的老式战列舰），9艘巡洋舰，30艘驱逐舰。这支舰队的直接任务就是掩护登陆场，保护美军的登陆舰队。

除了第3、第7舰队之外，美军登陆舰队，编有登陆舰和运输船300余艘，负责运送美军第六集团军登陆莱特岛；美军后勤供应舰队，编有11艘护航航空母舰，33艘油船，10艘远洋拖船，6艘特种弹药船，40艘驱逐舰，240余架舰载机；美军潜艇侦察编队，计有各类潜艇36艘，被部署在莱特湾周边各个海峡通道，担任前哨警戒工作。

总的来说，美国海军此战共投入16艘航空母舰，18艘护航航空母舰，12艘战列舰，26艘巡洋舰，144艘驱逐舰，25艘护卫舰，592艘各类辅助舰只，36艘潜艇，各类作战飞机近2000架！

美军的作战方案：先在周边实施战略轰炸，以分散日军兵力，然后突然在莱特湾登陆；由金凯德率领第7舰队掩护和支援登陆编队突击上陆，建立登陆场，并掩护后续输送编队输送后续梯队登陆；由哈尔西海军上将率领第3舰队担负机动作战任务，打击可能来援的日军机动舰队，掩护莱特湾方向的登陆行动。

和强大的美国舰队相比，联合舰队能够拿出来的家底就要寒酸很多。按照"捷"—1号作战计划，日本联合舰队进行了重新编组，将参战兵力分为4个舰队。

小泽治三郎海军中将率机动部队组成北路作战编队，在吕宋岛东北海域佯动，按计划诱使美军担任掩护登陆任务的第3舰队北上，远离正在莱特湾登陆的美登陆编队。这支舰队编有4艘航空母舰（"瑞鹤"号、"瑞凤"号、"千岁"号、"千代田"号，只有"瑞鹤"号可以与美军埃塞克斯级勉强对战，其余3艘都是老旧的轻型航空母舰和水上飞机母舰），2艘"非驴非马"的航空战列舰（"伊势"号、"日向"号），3艘巡洋舰，8艘驱逐舰，108个舰载机机组（几乎都是新手，开战时拥有2000小时飞行时间的老兵十不存一）。原本是联合舰队主力的机动舰队，经过马里亚纳大海战后，已经彻底沦为配角。但是作为丰田副武引诱哈尔西的诱饵，还是很有诱惑力的。

日军此战的核心力量是第1游击部队，由栗田健男海军中将担任司令长官，编有7艘战列舰（包括"大和"号、"武藏"号）、13艘巡洋舰、19艘驱逐舰。第1游击部队受命穿越圣贝纳迪诺海峡，从北部进攻莱特湾，摧毁美军登陆场。这支舰队就是所谓"驻岛舰队"，战争开始后主炮几乎一弹未放，此次出战除了"刷些存在感"外，丰田副武还希望自己力主修建的"大和"

号能够获得辉煌战果，力挽狂澜，名垂青史。

可是第1游击部队出发后就遇到了问题，"山城"号和"扶桑"号战列舰过于老旧，航速无法跟进"大和"号编队，于是丰田副武改变了原来从北面一个方向突击的计划，改由西村祥治海军中将统领"山城"号和"扶桑"号战列舰、1艘重巡洋舰、3艘驱逐舰组成的"西村舰队"，穿越苏里高海峡从南面突入莱特湾。最后还把没有人愿意要的联合舰队第二祥瑞①"时雨"号驱逐舰编入西村舰队，当然第一祥瑞"雪风"号还是跟随栗田健男海军中将行动。

联合舰队还调动了志摩清英海军中将的第2游击部队，但这个舰队力量微弱，只有3艘巡洋舰、4艘驱逐舰，丰田副武准备让志摩清英和西村祥治会合，将两个舰队合编为第2游击部队一起从南部突入。丰田副武还安排三轮茂义海军中将麾下第6舰队的13艘潜艇，担负作战海域侦察、破袭任务。

原属联合舰队麾下的海军第1、2、3航空舰队的战机将从陆上基地出发配合联合舰队作战。这是一支强大的空中力量，共有各类战机615架，但除第1航空舰队的50个机组之外，飞行员大多没有经验，甚至无法完成在航空母舰上着舰的基本动作，且有相当部分的力量被哈尔西先期的空袭摧毁。这支部队的指挥官大西泷治郎海军中将，正是珍珠港作战的主要策划者之一。1941年7月，山本五十六把袭击珍珠港的想法告诉了大西泷治郎海军少将，指示他研究制订一个初步计划。而此战他发明了"神风敢死队"战法，又一次让人见识了他的残暴。

总的来说，日本联合舰队此战投入4艘航空母舰、7艘战列

---

① 第二次世界大战时日本海军舰队拥有3艘祥瑞战舰：雪风、时雨、野分。

舰、2艘重型战列舰、14艘巡洋舰、32艘驱逐舰、13艘潜艇,其中核心战力是"大和"级重型战列舰2艘。

因此这一战也可以看作是"巨炮大舰"在航空母舰面前最后的挣扎。

按照战后丰田副武接受盟军审判时的供词所说,他认为当时如果丢掉菲律宾群岛,那么联合舰队主力将被分割在日本本土和新加坡两处,"即使舰队主力能够幸免于难,在新加坡的军舰得不到弹药供给,在本土的舰船得不到燃油供给,舰队的存在也就毫无意义。"正是基于这种思想指导,所谓"捷"号作战计划一开始就笼罩着"拼光亦光、不拼亦光"的玩命战法,对作战结果丝毫不考虑,似乎就是为联合舰队的死亡寻找一个恰当的"切腹"地点。这可能就是当年山本五十六所说"海军两丰田决不可用"的原因吧。

1944年10月20日,美军开始在莱特岛大规模登陆。当日14时,麦克阿瑟上将命令"纳什维尔"号巡洋舰驶向菲律宾海岸。甲板上,反复地播放着麦克阿瑟的讲话录音:"菲律宾人民,我回来了。托万能之主的福,我军再次回到这片两国人民发誓要保护的菲律宾土地上!"随后,在菲律宾总统奥斯梅纳的陪同下,麦克阿瑟涉水上岸。

此前,日军第16师团畏惧美国海军的火力优势,放弃海岸死守策略,使美军的登陆变得轻而易举。20日日落之前,美军第一梯队的4个师6万人和1万吨物资装备上岸,同时,美国第10军则占领了莱特岛上的塔克洛班机场。

就在麦克阿瑟自吹自擂的时候,美日两国海军的最终决战拉开了帷幕……

第二节　锡布延海海空战

早在10月17日上午7时，日军位于莱特湾口苏兰岛的海军监视所就报告，"有2艘战列舰、2艘航空母舰、6艘驱逐舰正在接近"。8时，日军又报告说"敌军开始登陆"，之后，便失去了联系。根据这一系列报告，当日17时32分，联合舰队发出第360号作战电令：执行"捷"—1号作战计划。各部闻令而动，向莱特湾逼近。

10月18日，日第十六师团发现，美军舰船正迎着暴风雨前来攻击，这正是攻进莱特湾的运输船队和金凯德舰队。各路海上兵力先后从母港向预定作战海域出发。

10月20日，小泽治三郎海军中将统帅的机动舰队于濑户内海出发，经丰后海峡南下赴恩加诺角海域。

10月21日，志摩清英海军中将统帅第2游击舰队从马公港出发，计划经由苏里高海峡攻入莱特湾。

10月22日8时，栗田健男海军中将率第1游击部队主力从文莱湾锚地出发，按计划从巴拉望岛西侧进入民都洛海峡，穿过锡布延海，计划于24日日落时分突破圣贝纳迪诺海峡，寻歼美军特混舰队，再攻入莱特湾。

10月22日15时，西村祥治舰队也从文莱湾锚地出发，经由苏禄海至苏里高海峡，与志摩清英第2游击部队会合后一起突入莱特湾。但因"山城"号、"扶桑"号战列舰过于老旧，前进速度很慢。

可能是受到联合舰队两大祥瑞"雪风"号和"时雨"号的影响，原本不希望被美军发现的第1游击部队主力和西村舰队很快就被发现了。

10月23日0时16分，负责守卫巴拉望海峡的美军潜艇"海鲫"号在前方131度、14.5海里处发现目标，"海鲫"号将情报转达给了附近的"鲦鱼"号，两位潜艇艇长断定，这是一个至少包括11艘重型巡洋舰的日本舰队，并立即将情况报告给了哈尔西。美军决定，以"海鲫"号迎击舰队右侧，"鲦鱼"号迎击左侧。

凌晨1时50分，日军旗舰"爱宕"号巡洋舰拦截到了疑似来自潜艇的电波，栗田健男立即向舰队发出发现敌潜艇的警告。但日军糟糕的反潜能力，导致他们在2个小时内竟然没有找到美国潜艇。

4时25分，"海鲫"号停留在日本左侧部队前方8.5海里处准备迎击，并下潜至适合潜望镜观测的深度。5时25分，"海鲫"号采用"Z"字形路线，在大约1000米处向1号目标舰发射了6枚鱼雷，紧接着又向2号目标舰发射了第7枚鱼雷。5时30分，站在旗舰"爱宕"号舰桥上的栗田健男，突然感到右舷发生剧烈震动，接着又连续震动了三次，随后"爱宕"号发生严重右倾，另一艘巡洋舰"高雄"也被2枚鱼雷击中。"爱宕"号被命中20分钟后沉没了，第1游击部队刚刚进入战场就失去了旗舰。栗田健男中将转移至"岸波"号驱逐舰。与此同时，美潜艇"鲦鱼"号又发射了10枚鱼雷，4枚命中重型巡洋舰"摩耶"号，后者不久沉没。

栗田健男惊魂未定，立即命令"岸波"号、"朝霜"号、

"岛风"号前去救援落水舰员,同时命令"长波"号和"朝霜"号掩护已经停止前进的"高雄"号。但日军反潜能力实在太差,一艘美国潜艇都没有捕捉到。15时23分,栗田健男又转乘到"大和"号战列舰上,第1游击部队继续前进。但等待早已暴露位置的第一游击部队的,是哈尔西的航空母舰特混舰队。

10月23日,哈尔西接到已在巴拉望海峡完成袭击任务的潜艇报告后,立即调整部署,命令将一个航空母舰特混大队派往乌利西泊地,主要进行补给休养并空袭雅浦岛,第3舰队麾下其余三个航空母舰特混大队由北向南呈扇形展开,意图合击长途奔袭之敌。哈尔西在旗舰"新泽西"号战列舰上有条不紊地策划着对联合舰队第1游击部队的空袭。此时的日军并未察觉美军部署上的这一变化,还是按照原定计划,意图在加强空中防御的同时,快速通过该海域,杀向目的地。

10月24日凌晨,美海军第3舰队各航空母舰特混大队均已到达指定海域。2架侦察机发现了日本联合舰队第1游击部队,向哈尔西报告:"民都洛岛南端海面上发现4艘战列舰、8艘巡洋舰、13艘驱逐舰,航向50度,速度10—12节。"哈尔西命令三个航空母舰特混大队会合,同时命令已经朝乌利西泊地出发的另一个航空母舰特混大队完成海上补给后立即掉头返回,与其他特混大队会合,集中全部兵力迎战栗田健男。

8时37分,哈尔西下令三个大队使用航空兵全速攻击。由于空中侦察报告栗田健男舰队里没有日本航空母舰的身影,哈尔西未能察觉丰田副武以航空母舰为诱饵的战略企图,反而把这支舰队看作是诱饵,严令一个航空母舰特混大队严密警戒北方海域。8时45分,美军31架战斗机、16架攻击机和12架俯冲轰炸机组成第一波攻击扑向日军第1游击部队。此时，栗田健男正指挥舰队排列成环形阵航行，环形中心安排了旗舰"大和"号、"武藏"号2艘超级战列舰。

9时，美军侦察机发现苏禄海海域的志摩清英海军中将的第2游击部队和西村祥治舰队的2艘老式战列舰。哈尔西准确判断出这两支舰队同属于一个作战方向，其目的是协调北面的栗田健男舰队实施南北夹击。考虑到这两支日军舰队的力量远远不如他当面的日军第一游击部队，且日本机动舰队一直不见踪影，于是哈尔西决定将南面的日军交给金凯德的第7舰队对付，自己则集中全力对付北面的第1游击部队和随时可能出现的日军机动舰队。哈尔西下令第3舰队的三个航空母舰特混大队在圣贝纳迪诺海峡集结，同时将南面的敌情通报给金凯德。

10时40分，美军第一波攻击飞机，对栗田健男指挥的第1游击部队发起了空袭。"武藏"号按照主炮、副炮、高射炮和机枪的顺序先后进行还击。美军鱼雷攻击机发射的鱼雷翻着筋斗钻入水中，战斗机俯冲着从日舰的桅杆上擦过，机枪连续不断地射击着。在美军的第一波攻击中，日重型巡洋舰"妙高"号被鱼雷击中，左螺旋桨破损，被迫返回文莱。

12时03分，美军向日舰发起第二波攻击。只见9枚鱼雷呈伞面直冲着"武藏"号右舷射来，"武藏"号舰长是"日本第一炮术高手"猪口敏平少将，他立即规避，但最终还是被3枚鱼雷命中右舷，舰体右倾，另有2枚炸弹命中了"武藏"号二号主炮塔和左舷第十四机枪台。13时25分，美军第三波攻击飞机飞临日军舰队上空发起攻击。14时30分，美军发起第四波攻击。在这两波攻击中，日军"武藏"号因舰首受损逐渐脱离环形队伍并再次遭到攻击，左舷舰首区域被5枚鱼雷命中，其他部位也分别被5枚航空炸弹命中，舰艇速度不断下降。由于大量进水和平衡注水，前甲板已沉入海里，"武藏"号已经无力作战，不得不在2艘驱逐舰的掩护下于14时离开第1游击部队。不幸的是，屋漏偏逢连夜雨，15时10分，美军第五波攻击飞机再次飞临"武藏"号上空，已经动弹不得、毫无招架之功的"武藏"号再遭重创，4小时后终于支撑不住，永远地沉没了。除"武藏"号外，美军还击伤日军多艘战舰，猛烈的空袭让劫后余生的栗田健男不敢再前进半步，匆忙率领第1游击部队残部掉头后撤。

10月24日这一天，大西泷治郎海军中将指挥航空舰队，配合小泽治三郎海军中将的机动舰队，共同派出数百架战机向美军第3舰队发起空袭。在美军强大的空中火力打击下，日军损失惨重，120架战机被击毁，仅有少数"神风"飞机突破美军火网，其中一架撞到了满载着准备起飞战机的美军轻型航空母舰"普林斯顿"号，引发殉爆，迫使美军自己击沉该舰，多少牵制了美军特混舰队对栗田健男的疯狂攻击。更有利于日军的是，哈尔西从日军战机的航向判断小泽治三郎的机动舰队就在附近，这恰恰中了小泽治三郎的圈套。

16时20分，美侦察机报告，栗田健男的第1游击部队正在向西方撤退。哈尔西根据这份报告判断日军第1游击部队受到己方空袭的沉重打击后，已经放弃作战企图，向西退走，无须担心。17时，美军侦察机报告哈尔西，在吕宋岛东北海面约200海里处发现小泽治三郎机动舰队。这正是哈尔西翘首以盼的，他立即放弃对圣贝纳迪诺海峡的警戒任务，率第3舰队浩浩荡荡急速北上，准备全歼日本机动舰队。

第三节 苏里高海峡之战

10月24日,哈尔西在锡布延海空袭栗田健男第1游击部队的同时,接到通报的金凯德第7舰队在苏里高海峡预先部署了强大的战列舰迎击线,严阵以待南路日军第2游击部队。

苏里高海峡长约30海里,是连接保和海和莱特湾南面的重要通道之一。海峡南口约12海里宽,北口约25海里宽。金凯德将托马斯·斯普拉格海军少将护航航空母舰特混大队部署在莱特湾东侧负责空中警戒,将奥登多夫中将的老式战舰部队部署在苏里高海峡北口,静待日军主动入瓮。

同日,日军南路第2游击部队作战编队仍然按照预定计划,盘算着迅速穿过苏里高海峡、突进莱特湾。由于通信失灵,西村祥治舰队先于志摩清英舰队抵达苏里高海峡。25日,第2游击部队两支编队仍未能顺利会合,更没能达成战术上的协同,甚至没有建立通信联系。

24日23时,美军雷达率先发现了西村祥治部队。奥登多夫海军中将建立了六层防御体系迎战西村祥治部队,第一层为部署在海峡南口礁石区的39艘鱼雷艇,第二至第四层为梯次排开的21艘驱逐舰,他们将用鱼雷"招待"西村祥治舰队,第五层为两翼展开的8艘巡洋舰，最后一层是部署在海峡北口一字排开的6艘老式战列舰。第五层和第六层构成"T"字阵型，部署在海峡北口宽阔海域以便机动作战。

25日凌晨，进入苏里高海峡的西村祥治舰队遭到美鱼雷艇的攻击。美军鱼雷艇从海峡两侧礁石区冲出，日军猝不及防，一度陷入被动，但还是进行了凶猛的炮火还击，西村祥治舰队击毁了美军3艘鱼雷艇，却也失去了1艘驱逐舰。

遭到美鱼雷艇的攻击后，西村祥治舰队仍然自杀式地前进，这不啻一场"海上死亡行军"。2时30分，西村祥治报告"受到攻击"，这份电报是他与日军联合舰队的最后一次联系。此时，西村部只剩下"山城"号、"扶桑"号战列舰，"最上"号巡洋舰，以及联合舰队第二号祥瑞"时雨"号驱逐舰，4艘战舰。很快，前进中的西村祥治舰队遭到第二层防线上美5艘驱逐舰的鱼雷攻击。夜战中美军发射了鱼雷，日军以炮弹还击，但双方均没有受到任何损失。西村祥治部继续前进，等待他的是由6艘驱逐舰组成的第三层防线。双方再次展开激战，日驱逐舰"满潮"号沉没，"朝云"号受伤离队。凌晨4时许，西村祥治部遭到第四层防线上美军驱逐舰的攻击，"山城"号被美军驱逐舰发射的鱼雷击中，并在4时20分左右被击沉，西村祥治中将连同"山城"号一同沉入海底，整条战列舰上只有10人获救，其余全部阵亡。之后，盟军第五层防线上的巡洋舰和第六层防线上的战列舰相继对剩余日军战舰发起攻击，"扶桑"号战列舰被击沉，"最上"号和"时雨"号均受重创离开战场。

跟在西村祥治部队之后的志摩清英部队（有重型巡洋舰2艘、轻型巡洋舰1艘、驱逐舰4艘），在逼近苏里高海峡途中看到了火光，还听到了沉重的爆炸声。志摩清英一边监听栗田健男和西村祥治部队之间的通信联络，一边分析判断是否要继续前进。正在犹豫之时，舰队遭到美军鱼雷艇的攻击，致使轻型巡洋舰"阿武隈"号受伤掉队，天亮后被美军飞机击沉。之后，志摩清英部队碰到了抱头鼠窜的"时雨"号和"最上"号。"那智"号巡洋舰在躲避"最上"号时发生碰撞，导致"最上"号沉没，"那智"号巡洋舰锚机室进水。此时，志摩清英中将决定放弃穿越海峡转而北上，于10月26日3时25分，分别向联合舰队司令部、西南方面舰队司令部、"捷"—1号作战部队发送了一份厚颜无耻的战斗电报："我部队攻击完毕，暂时离开战场。"之后志摩清英就率领剩余舰队带着联合舰队第二祥瑞"时雨"号返航。

在苏里高海峡之战中，日本海军指挥官表现得极其无能。西村祥治莫名其妙地孤军深入海峡导致全军覆没，甚至都没弄明白对手是谁；志摩清英明明连敌人都没有碰到竟然发报号称："攻击完毕！"此战日本联合舰队第2游击部队2艘战列舰、2艘巡洋舰、4艘驱逐舰被击沉，美军仅仅损失3艘鱼雷艇。日军一败涂地，钳形攻势的南臂已断。

第四节　恩加诺角海战

按照日军"捷"—1号计划，小泽治三郎北路作战编队的目标是引诱哈尔西的第3舰队离开莱特湾，为栗田健男和西村祥治攻击莱特湾登陆部队创造条件。而这场海战的主阵地正是位于吕宋岛东北角的恩加诺角。

10月24日，位于吕宋岛东部海域的谢尔曼大队刚刚收到与博肯大队会合攻击栗田健男舰队的命令，就遭到日军飞机的密集攻击，轻型巡洋舰"伯明翰"号和3艘驱逐舰被击毁。发动这次攻击的日军飞机，一部分来自菲律宾克拉克基地的第2航空舰队主力，另一部分来自小泽治三郎的机动部队。哈尔西确信，这些舰载机是从航空母舰上起飞的，因而命令谢尔曼大队延期与博肯大队会合，加强对北方的警戒。

17时，谢尔曼大队派出的侦察机在恩加诺角东北海域发现了小泽治三郎部队。这让哈尔西面临保卫莱特湾登陆滩头和消灭日军航空母舰舰队的两难抉择。为了彻底消除日海军机动力量对美军的威胁，哈尔西最终下定消灭日军航空母舰舰队的决心。他从第3舰队中抽调6艘高速战列舰、6艘重型巡洋舰、5艘轻型巡洋舰、18艘驱逐舰，编成第34特混舰队，命其急速南下莱特湾支援金凯德作战。他本人则在向金凯德第7舰队做简要通报之后，率领博肯大队、戴维森大队与谢尔曼大队会合，而后北上迎击小泽治三郎机动部队，准备次日清晨发起攻击。

此时的小泽治三郎海军中将机动舰队在经过马里亚纳海战之后，仅存4艘航空母舰、2艘航空战列舰、3艘巡洋舰和8艘驱逐舰，总共搭载舰载机108架，实力早已今非昔比。小泽治三郎舰队自离开濑户内海后，一路上频繁发出电报，以暴露自己吸引美军注意。然而，由于旗舰"瑞鹤"号航空母舰远程通信设备发生了故障，通信人员并没有发现，结果此举不仅没能暴露自己，反而给随后的作战带来极大的不利影响。在诸多不利因素中，最令小泽治三郎头疼的是飞行员的战斗素养实在太差。由于训练时间少，燃料供应有限，新飞行员的飞行训练被削减到最低限度，刚学会基本的舰载机起降和开炮就被派到战场。在航行过程中，小泽治三郎每天仅派出9架飞机侦察搜索，每次至少有3架飞机因操作失误或迷航而无法返回。

10月25日凌晨，美军进行夜间搜索的侦察机于2时05分发现小泽治三郎舰队。6时，哈尔西又派出侦察机向西、北、东三个方向搜索，同时命令60架战斗机、65架轰炸机、55架鱼雷机起飞，组成第一波攻击，在舰队前方上空盘旋待命。

7时35分，美军侦察机在恩加诺角东北110海里处再次发现小泽治三郎舰队。哈尔西立即命令在空中待命的第一波攻击机群飞向目标所在海域展开攻击。此时的小泽治三郎编队4艘航空母舰因舰载机和飞行员缺失而战力不再，只能起飞十几架飞机用以自保。

自25日8时15分起，到日落之前，美军共出动飞机527架次，哈尔西先后对小泽治三郎部队实施6波攻击。击沉日军3艘航空母舰、1艘驱逐舰，击伤1艘航空母舰、1艘战列舰、1艘巡洋舰，所有舰载机全部被击毁。为消灭受伤掉队的日舰，哈尔西又派出4艘巡洋舰和12艘驱逐舰继续追击。哈尔西将之后的安排交给了米切尔，自己则于当夜率领博肯大队火速驰援莱特湾。10月27日，小泽治三郎海军中将率仅存的残余部队驶回本土锚地，日本机动舰队至此名存实亡。

客观地说，小泽治三郎机动舰队虽然损失惨重，但成功地诱使哈尔西舰队北上，为日军南路和中路进攻莱特湾创造了有利条件，一切都与"捷"—1号作战计划的预想吻合。然而，令日方没想到的是，由于栗田健男对其他方向的战况一无所知，在进攻莱特湾的作战中并没有把握住小泽治三郎创造的有利战机。

第五节　萨马岛海战

10月24日下午，日军掉头西撤的第1游击部队在请示联合舰队后，再次掉头东进圣贝纳迪诺海峡，以谋求进击莱特湾。

为防止第1游击部队南下，美军金凯德中将将托马斯·斯普拉格的第4特混大队（护航航空母舰编队）下属的三个分队分成三个群，部署在莱特湾东部海域。

日军第1游击部队南下进入莱特湾东入口的必经要道就是萨马岛，位于苏禄安岛东北海域，日军战列舰、巡洋舰编队与美军护航航空母舰编队的近距离遭遇战，即发生在此处，史称萨马岛海战。交战双方为栗田健男作战编队和克里夫顿·斯普拉格少将率领的第77特混舰队、第4特混大队第3分队。

24日21时45分，美军侦察机发现了第1游击部队的新动向。然而，此时的哈尔西却认为，第1游击部队已遭受重创，根本不足为虑，金凯德会接到通报并采取防范措施。

25日清晨，第1游击部队顺利突破圣贝纳迪诺海峡，沿着萨马岛东部海岸急速南下，直指莱特湾。

这时的战场态势与丰田副武制订的"捷"—1号作战计划惊人地吻合：哈尔西的第3舰队主力已被小泽治三郎部队诱至恩加

诺角海域；第7舰队第4大队的主力在奥登多夫的带领下正部署在苏里高海峡入口处等待西村祥治和志摩清英部队；在莱特湾东侧能够用来与栗田健男对抗的兵力，就只剩下克里夫顿·斯普拉格的第3分队。金凯德只得调用这些几乎没有对海作战能力的护航航空母舰编队与栗田健男周旋，力图拖延时间，等待哈尔西的支援。

6时44分，第1游击部队发现了正在为美登陆部队提供空中掩护和支援的护航航空母舰编队。但栗田健男错误地认为这是美军第3舰队的主力。于是改变直接攻击莱特湾登陆兵力的计划，企图与美军来一场真正的舰队对决，消灭美军第3舰队主力。

6时45分，克里夫顿·斯普拉格正率领6艘护航航空母舰、3艘驱逐舰、4艘护卫舰在萨马岛东南海域巡逻，此时接到侦察机发现敌舰队的报告：在我方西北17海里处发现敌舰队，航速30节，含4艘战列舰、7艘巡洋舰、11艘驱逐舰。

克里夫顿·斯普拉格判断这是敌方从海上来袭的主力，立刻意识到，莱特湾里近百艘失去军舰保护的运输舰和登陆舰正处于非常危险的境地。于是，他毅然决定率领这支弱小的舰队抵御日军主力舰队，尽可能地牵制住日军主力，延缓其对登陆泊地、滩头的攻击。17海里已经处在日火炮射程之内。克里夫顿·斯普拉格一面向金凯德和哈尔西发电求救，一面率领舰队向东南方向全速撤退，这样既可将日军引离莱特湾，又可立即组织舰载机迎风起飞，拉大与日舰的距离。6时58分，栗田健男组织远程火力射击，"大和"号上的主炮开火，其他战列舰和巡洋舰也加速向美军驶来。

护航航空母舰是由商船改造的应急船，船腹钢板只有半厘米厚，最多承载30架飞机，速度连18节都达不到。克里夫顿·斯普拉格只能让驱逐舰和护卫舰在后面掩护，组织之前起飞的航空兵对敌发起攻击，同时命令各舰施放烟雾机动，全速驶入附近的雨区隐蔽。

7时10分，为躲避日军炮击而事先起飞的美舰载机开始组织分散攻击。美军驱逐舰冒死向日战列舰、巡洋舰发射鱼雷。第1游击部队的攻击因此受到一定程度的阻挠，命中精度被降低。虽然日军已失去有力的空中兵力，但美护航航空母舰依然难敌日军的巨舰大炮，"甘比尔湾"号护航航空母舰被炮弹击沉，"范肖湾"号、"加里宁湾"号、"白平原"号护航航空母舰中弹负伤，多艘驱逐舰被击沉、击伤。克里夫顿·斯普拉格紧急呼救，金凯德也紧急向哈尔西呼救，然而，此刻已远在北面300多海里外的哈尔西舰队和南面100多海里外的奥尔登多夫战列舰队，均不可能在短时间内到达战场，形势万分危急。

然而，9时11分，第1游击部队竟意外地停止了对美舰的攻击。原来，栗田健男接到菲律宾基地日军飞机的错误通报："在萨马岛东北海域又发现美军的航空母舰舰队。"一心寻求舰队决战的栗田健男认为，萨马岛交战伊始，莱特湾里的美运输船一定接到警报紧急撤离了，即使来不及撤离，船上所载的物资也已经卸载了4天，与其攻击空空如也的运输船，倒不如歼灭美航空母舰舰队更有价值。于是他停止对美护航航空母舰的炮火攻击，命令舰队集合调整队形。

12时25分，整队完毕的栗田健男下令舰队北上寻歼美航空母舰编队，而放弃了唾手可得的美登陆编队。尽管小泽治三郎、西村祥治、志摩清英部队都以惨重损失的代价为第1游击部队的成功铺平了道路，但瞬间的决策失误，使栗田健男没能完成联合舰队赋予的歼灭美军登陆编队的任务。本来被重型巡洋舰"利根"号、"羽黑"号紧随追击的克里夫顿·斯普拉格部队也得以一时脱离险境，匆忙逃进了莱特湾内，不料随后又遭到日军"神风特攻队"的3次袭击，损失2艘舰船。

不过，由于克里夫顿·斯普拉格的努力，莱特湾滩头的80余艘登陆运输舰船和大批登陆部队幸免于难。

萨马岛海战中，美军被击沉1艘护航航空母舰、2艘驱逐舰、1艘护卫舰，被击伤4艘护航航空母舰、1艘驱逐舰、3艘护卫舰。日军有1艘巡洋舰被击沉，4艘巡洋舰被击伤，其中有3艘因损伤严重后来被日军自行击沉，因此总共损失4艘巡洋舰。

10月25日中午，第1游击部队急速驶向菲律宾日军提供的美军航空母舰所在海域，驻扎在吕宋岛的日军岸基飞机也几乎倾巢出动，意在配合第1游击部队实施协同攻击，结果可想而知。更为吊诡的是，第1游击部队在错误的海域虽未发现误报的美军航空母舰，却遭遇了从美军乌利西基地途中折返的麦凯恩大队。美军航空兵从200海里外起飞3批共152架次飞机，击沉、击伤多艘日舰。此时，哈尔西也率快速机动编队赶到，歼灭了因伤掉队的日军舰只。栗田健男一路仓皇撤退，于10月28日驶入文莱锚地，仅剩4艘战列舰、3艘重型巡洋舰、1艘轻型巡洋舰、8艘驱逐舰。他因此获得了"退之栗田"的"雅号"。

莱特湾大海战宣告结束。

莱特湾海战作战时间持续3天4夜，作战地域跨越南北1000余海里，东西600余海里，作战双方共沉没主力舰艇39艘，损失飞机450架，人员伤亡13000余人。其中，日军损失航空母舰4艘（包括最后一艘偷袭珍珠港的舰队航空母舰"瑞鹤"号）、战列舰3艘（包括超级战列舰"武藏"号）、巡洋舰10艘、驱逐舰10艘、潜艇6艘，损失飞机288架。美军在海战中被击沉航空母舰1艘、护航航空母舰2艘、驱逐舰2艘、护卫舰1艘，损失飞机162架。

美军由于第3舰队和第7舰队分属不同的指挥部领导，没有及时交换情报导致出现误判，险些让日军趁机消灭登陆舰队。美军的问题是哈尔西又一次被日军"挑衅"成功。他忘记了舰队在登陆作战中的首要目标是配合登陆部队巩固滩头阵地，没有像马里亚纳海战中的斯普鲁恩斯那样谨慎地运用自己的优势，导致自己的友军克里夫顿·斯普拉格小队暴露在日军第1游击部队面前，几乎遭到毁灭性打击。不过，即使栗田健男摧毁登陆舰队，也必然会被之后从南北两个方向赶来的哈尔西和金凯德全歼。

日本联合舰队从一开始就没指望打赢，丰田副武把莱特湾选为日本联合舰队的"切腹之地"，负责实战指挥的四位主要日本海军将领中，小泽治三郎和西村祥治坚决地完成了自杀的命令，为栗田健男创造了如樱花般短暂的突进机会。可惜"退之栗田"却临阵转舵放弃"切腹"，虽然保存了部分舰只，却在丧失制空权的基础上再也没有用武之地。

这一战证明：战列舰的时代已经彻底过去，航空母舰才是海战主宰。

第十章

英阿马岛之战

1982年4月，第二次世界大战之后规模最大、持续时间最长的一场局部性海空联合战争——马尔维纳斯战争，即马岛战争爆发了。这场事关马岛主权归属问题的战争让英军不远万里，从北到南，穿越大西洋，来到大西洋最南端，与阿根廷在海上展开了一场封锁与反封锁、登陆与抗登陆、多种作战样式交织的现代海上局部战争。这也是航空母舰发挥重要作用的一场战争。

第一节　百年恩怨

地处南大西洋海域、合恩角以东的马尔维纳斯群岛（以下简称马岛）是南美洲大陆最南端的群岛，它由两大主岛——索莱达岛（英方称东福克兰岛）、大马尔维纳岛（英方称西福克兰岛）和200多个小岛组成，总面积约1.2万平方千米。这个大西洋最南端的岛屿群，为什么会让两个不相毗邻的国家兵戎相见呢？

这个被英国称为"福克兰群岛"的岛屿群，是连通大西洋和太平洋的"咽喉"和"钥匙"，是重要的战略要地。首府阿根廷港（英方称斯坦利港）位于索莱达岛。这就解释了为什么英阿两国如此看重这个群岛。值得一提的是，马岛距英国本土有约13000千米之遥，而西距阿根廷海岸线却只有500多千米。

英、阿两国对马岛的争端问题由来已久，从马岛的发现到欧洲人殖民统治的历史，再到主权归属均存在争议。

历史上，该岛所属权复杂。马岛曾经历过法国、英国、西班牙、阿根廷等多国的殖民统治。按照当时世界通行的法则，公海岛屿谁先发现，谁就有命名权和所有权。关于马岛的发现权，阿根廷人较为统一的认识是马岛是葡萄牙人在1520年发现的。而英国人却不认同这个观点。他们认为，"福克兰群岛"是英国人在

1592年最先发现并命名的。事实上，直到1684年，英国的一艘私掠船才在马岛登陆，并在这里进行了实地考察。1764年，法国人德布甘维尔率领探险队在此地建立殖民据点，取名为"马尔维纳斯群岛"。到了1765年，一批英国人来到马岛，也建立了殖民据点，并举行了占领仪式。1767年，法国将该岛转让给了西班牙，西班牙占有了马岛，并于1770年将英国人逐出。1771年，英国以发动战争为威胁恢复了在大马尔维纳岛的前哨阵地，之后又因为经济原因撤出了马岛，但始终没有放弃对该岛的主权要求。

1816年，阿根廷脱离西班牙殖民统治，宣告独立并继承了西班牙在这一地区的属地，其中包括马岛。1820年，阿根廷在马岛上升起了国旗，并于1823年任命了马岛的行政长官。这么操作的依据众多，比如，马岛临近南美洲，以及结束殖民地位的需要等。1833年，正处于鼎盛时期的大英帝国，重新派出舰队占领马岛，阿根廷总督及驻军被逐走。但阿根廷仍坚持宣称拥有岛上主权。1841年，英国派出总督管理该岛。

关于马岛的主权归属，英、阿两国长期存在争议。尽管自1833年以来英国一直实际控制着马岛，但阿根廷方面始终没有放弃其对马岛的主权要求，并不断通过外交途径要求收复该岛。

两次世界大战后，当年的日不落帝国雄风不在，其在全球的殖民体系土崩瓦解，阿根廷政府准备借助全球去殖民化的东风，夺回马岛。但瘦死的骆驼比马大，英国方面寸步不让，经过数年徒劳的双边谈判后，该岛的主权归属问题被上交给联合国。

1965年，就群岛的归属问题由联合国大会专门组织了辩论。阿根廷坚称对马岛拥有主权。英国则以自1833年来对群岛的"公开、持续、实际地拥有、占领和管理"，以及联合国宪章承认的自决原则等为由，宣称对马岛拥有主权。鉴于此，联合国大会邀请英、阿两国举行会谈，以期和平解决争端。

但是，两国关于马岛的主权归属矛盾非但没有解决，反而因为马岛周边海域发现丰富的石油和天然气资源而变得更加尖锐。

1976年，阿根廷爆发政变，国内政局动荡，经济问题严重，通货膨胀严重，政府更迭频繁。1981年底，以反共著称的加尔铁里出任总统。新任总统刚一上任就出访了美国，并受到美方热情接待，双方在马岛问题上达成某种默契。得到时任美国总统里根默许的阿根廷有了与英国对峙到底的决心与勇气。阿方在随后对马岛问题的谈判中，态度日趋强硬。

在局势日益紧张的时候，发生了南乔治亚岛事件。南乔治亚岛是马岛的一个附属岛屿，英国从1909年起对其保持事实存在，阿根廷也声称对其拥有主权。1982年3月底，阿根廷商人康斯坦蒂诺·大卫多夫根据签订的相关协议，要求拆走利思港三个捕鲸站的房子和设备，并运走拆卸物资。3月11日，大卫多夫租用"巴伊亚布恩苏塞索"号从布宜诺斯艾利斯出发前往南乔治亚岛。这是一艘隶属阿根廷海军的运输船，可用作海军运输舰，但多数时候被用于商业包租。出发前，大卫多夫向布宜诺斯艾利斯的英国大使馆通报了此次航行，但没来得及拿登陆许可，被准许拆卸队派一名代表到格利特维肯的英国南极考察站大本营报到。3月17日，"巴伊亚布恩苏塞索"号抵达利思后却没有派人去格利特维肯报到。3月19日，即阿根廷人抵达的第三天，一名英国科研人员看到利思上空飘扬着一面阿根廷国旗，还听到枪声，这些都是当地英国法规不允许的。格利特维肯的英国法官将阿根廷人的违规行为上报给了福克兰的英国总督雷克斯亨特。总督要求阿根廷人取下国旗并前往格利特维肯获取登陆许可。随后，阿根廷国旗很快被降下，但还是没有人去格利特维肯。3月20日，也就是"巴伊亚布恩苏塞索"号驶离利思的前一天，此事作为内部事件到此为止。

亨特总督将事件的来龙去脉以及后来阿根廷人没去格利特维肯走必要程序的情况都报告给了伦敦方面，同时他还错误地表示：阿根廷军事人员已经上岸，并言之凿凿地说阿根廷海军正利用拆卸废旧金属的工人上岛，造成阿根廷人在南乔治亚岛的既成事实。于是，英国政府向阿根廷提出正式抗议，要求"巴伊亚布恩苏塞索"号返航带走所有阿根廷人员，否则"英国政府将被迫采取任何必要行动"。同日，英国海军派出"坚韧"号军舰搭载22名皇家海军陆战队队员从马岛出发前往南乔治亚岛格利特维肯，事件彻底升级。

3月23日，英国外交大臣卡灵顿勋爵向阿根廷发出措辞更为强硬的照会："如果'巴伊亚布恩苏塞索'号没有奉命接走利思的工作组，那么皇家海军陆战队就会出面代劳，强行将他们带上'坚韧'号。阿根廷方面对英国人的要求完全置之不理，军政府派出"巴伊亚帕拉伊索"号携带14名陆战队队员前往南乔治亚岛利思外港，想以此与英军抗衡。3月25日，双方武装人员在相距仅32千米的地方各自登岸。此后，行动步步升级，朝着爆发战争的方向发展。3月28日，阿根廷特混编队在贝尔格拉诺港登船驶向马岛。4月1日夜，第40特混编队靠近斯坦利港附近登陆点，最终准备工作开始。

4月2日凌晨，阿根廷的登陆行动开始，由"五月二十五日"

号航空母舰为核心的第20特混舰队载着4000余名士兵,向马岛发起进攻。英军总督和百余名守岛士兵在象征性地抵抗后,全部投降。阿根廷当天就控制了马岛首府斯坦利港。

4月3日早上,阿根廷海军陆战队士兵在马岛升起了本国国旗。同一天,阿根廷军队在600千米外的南乔治亚岛(英属)强行登陆,俘虏了岛上的英国士兵,完成了对该岛的军事占领,此时英军与马岛间最近的基地阿松森岛也在3000千米之外。

得知阿根廷悍然动武的消息后,英国政府立即于4月2日晚宣布与阿根廷断绝外交关系。英国首相撒切尔夫人在当晚亲自主持的紧急内阁会议上力排众议,坚决主张出兵。4月3日是星期六,撒切尔夫人打破英国议会周末不召开会议的惯例,要求议会同意对阿根廷宣战。这一提议在议会最终获得全票通过。

至此,英、阿两国在马岛主权问题上的分歧正式上升为军事冲突,马岛战争由此爆发。

第二节 万里奔袭

战争开始后,英国成立战时内阁,很快确立了"以军事手段为主,外交与经济手段为辅,迅速重占马岛"的战略方针,英国外交部及时询问美国、法国等盟友的动向,英国总参谋部迅速拟订详细作战计划,下令调集三军精锐力量实施代号为"共同行动"的远洋进攻作战计划,以"无敌"号、"竞技神"号航空母舰为核心的特混舰队,重点打击阿根廷海空军,通过海上封锁,迫使阿根廷方撤兵,进而恢复英国对马岛的统治。

阿根廷政府敢于和老牌帝国主义英国开战的根本原因就是地利,他们认为距离马岛13000千米的英国根本无法也无力面对这样的远洋大战。英国如此长途奔袭作战将面临两大难题:一是后勤补给困难,二是远离本土作战的特混舰队将失去陆基飞机的空中掩护。不仅如此,阿根廷政府还认为英国海军航空兵实力已经大不如前,"无敌"号和"竞技神"号航空母舰上只有28架"海鹞"战机,难以承担夺取绝对制空权的重任。

但撒切尔夫人决心已下,英军总参谋部也开始竭尽全力筹划,积极展现其百年老牌帝国的实力。

针对后勤补给问题,英国启用"战时商船改装计划",4月3

日，通知几十艘商船和民用船立即驶往南大西洋听令，并在途中接受改装，作为军事运输船，对特混舰队进行后勤支援保障。

针对空中优势问题，英军总参谋部派出空军部队确保制空权。4月9日，英军开始在阿森松岛空军基地部署部队。英国空军在此地共计编有1个战略轰炸机中队、1个岸基反潜巡逻机大队、4个C-130运输机中队、1个VC-10运输机中队、2个空中加油机中队。这些远程战机的任务是协同特混舰队作战：战略轰炸机负责对马岛阿根廷机场、雷达站及岛上其他军事设施实施轰炸；岸基反潜巡逻机担负空中预警、空中侦察与监视、空中反潜、空中引导等任务。

英军总参谋部任命伍德沃德上将为特混舰队总司令，全权指挥特混舰队。4月5日，英国本土的各港口和英属直布罗陀港分别启航了2支由航空母舰率领的特混舰队，共计有114艘各类舰船，但舰载战斗机只有28架"海鹞"。两艘名为"无敌"号和"竞技神"号的航空母舰在大西洋会合。整个特混舰队的先锋是编入了南大西洋附近海域活动的4艘核动力潜艇的伍德沃德的舰队，舰队持续高速地向马岛附近海域前行，计划于4月12日抵达马岛战场。

4月7日，英国政府向世界宣布了对马岛实施先期封锁的第一个具体作战行动："自4月12日格林尼治时间4时整（马岛当地时间1时）起，以南纬51度40分，西经59度30分为圆心的半径200海里范围之内为'海上禁区'，在战区内发现的任何阿根廷军舰及辅助船只都将被认为是敌对的，可能遭到英军不加警告的攻击。"

此时，阿根廷海军非但没有立即迎敌，反而赶在英国宣布海上封锁区生效之前，将所有的作战舰艇从马岛海域紧急撤回大陆沿岸。未战先怯，暴露了阿根廷色厉内荏的本质。12日，英军核潜艇按计划准时进入"海上禁区"，对阿根廷开启了海上封锁。15日，英军飞机在马岛周围进行空中巡逻和侦察。17日，南大西洋特混舰队航行抵达阿森松岛，在做了两天的调整和补充后继续向马岛海域进发。19日，阿森松岛迎来了英国空军"火神"式轰炸机。这种轰炸机能实施大面积空袭，还可携带原子弹。"火神"轰炸机的出动除了对马岛进行空袭外，还将对阿根廷进行核威慑。

老谋深算的伍德沃德海军上将深感阿森松岛距离马岛战区过远，舰队孤军深入，胜负难料，于是决定先夺取马岛东面的南乔治岛，作为前进基地。磨刀霍霍声中，老牌帝国英国和阿根廷的一场海空大战即将拉开序幕，这场大戏的前奏部分，是在南乔治亚岛上演的。

4月22日深夜，伍德沃德海军上将派出英国皇家海军陆战队"特别舟艇中队"对南乔治亚岛进行军事侦察活动。25日清晨，英军先遣部队抵达南乔治亚岛，在格雷特维肯港外发现了一艘阿根廷潜艇，立即使用空对舰导弹和深水炸弹对该艇发动攻击。被击中的阿根廷潜艇受损严重，被迫坐滩搁浅，艇员多数受伤，在登岸时被英军俘获。仅此一战，就让阿根廷海军成为惊弓之鸟，不敢再和英国特混舰队正面交锋。英军则乘势扩大战果，皇家海军陆战队第42突击营在"安特里姆"号驱逐舰的火力掩护下，分别乘坐3架"山猫"式武装直升机对南乔治亚岛实施作战，仅用2个小时，就攻占了南乔治亚岛首府格雷特维肯港，完成了对该岛的占领。

这为马岛之战开了个好头。伍德沃德上将立即命令精锐的海军陆战队迅速撤回,与主力会合,同时派遣一部分人员和商船登陆,将该岛变为反攻马岛的重要前进基地。此战对英军后勤保障具有重大战略意义。英军与后方基地的距离缩短了90%。

南乔治亚岛的丢失,表明阿根廷军队对英国反攻的准备不足。寄希望于英国不敢出兵而获取胜利的阿根廷海军,表现得实在令人失望。英军攻占南乔治亚岛的消息,迫使阿根廷总统加尔铁里做出决定:立即向马岛增派最精锐的海上部队,以应对英军即将展开的军事行动。

事与愿违,阿根廷海军再次犯了严重错误,他们没有将手中的战舰集中起来和英国特混舰队进行海战的勇气,反而将原本有一战之力的舰队拆分成三部分,用以保障岛上驻军的供给线。具体计划是:

79.1特混大队,由"五月二十五日"号航空母舰、"圣特立尼达"号导弹驱逐舰和"赫尔克里士"号导弹驱逐舰组成,驶向圣豪尔赫海湾东北方。

79.2特混大队,由"塞吉"号驱逐舰、"派准将"号驱逐舰、"斯托尼海军上将"号驱逐舰组成,驶向圣豪尔赫海湾东南方。

79.3特混大队,由"贝尔格拉诺将军"号巡洋舰和经过现代化改装、配备有"飞鱼"式舰对舰导弹的美制驱逐舰"伊波里托·布查德"号、"布利埃·彼拉德"号组成,驶向洛斯埃斯塔多斯岛附近。

如此排兵布阵,实际上进一步分散和消解了本就不强的阿根廷海军力量。

加尔铁里并不寄希望于阿根廷海军,他指望阿根廷陆军守住马岛。出于这样的认知与判断,他从本土增派部队入驻马岛。截至4月27日,马岛守岛阿军达到了13000余人。此时的岛上储存着大量食品和弹药,修建和扩大了几处简易机场,他们准备以守为攻,坚守到底,以消耗英军力量,迫其撤退。

而英国经过南乔治亚岛之战,对阿根廷海军疲弱低下的战斗力也有了认识,伍德沃德决定将阿根廷海军作为打击重点,与阿根廷争夺制海权。英军按照第二次世界大战经验,将2艘航空母舰分开编组为两个特混大队彼此支援,迅速切断马岛和阿根廷本土的联系。

按照伍德沃德的设计,英国特混舰队抵达马岛海域后,在阿根廷战斗轰炸机作战半径之外的马岛东北和东南100海里左右,组成以"无敌"号和"竞技神"号航空母舰为中心、少数护卫舰为掩护的航空母舰特混编队。其余驱护舰编成几个小编队,部署在马岛南、北两侧岸炮射程以外水域及福克兰海峡,负责监视、封锁马岛各主要港口,并利用舰炮对阿根廷岸防工事和阵地进行炮击,形成海上封锁的对内正面。而4艘核潜艇作为皇家海军王牌则部署在距阿根廷本土12海里附近,用以封锁阿根廷主要海军基地,并利用技术优势对阿根廷舰队进行游猎攻击,形成海上封锁的对外正面。

4月28日,英国国防部对外宣布:从4月30日11时起,英国对马岛周围200海里实施环形、立体、全面的海上封锁。

针对英国这一举动,阿根廷宣布:"从即日起,在阿根廷海岸200海里和马岛周围200海里范围内所有的英国舰船、飞机,包括军用和民用的,都认定为敌对的,都将受到打击。"阿根廷驻马岛部队和南部沿海城市进入最高戒备状态,马岛实施宵禁和灯火管制。

至此,英阿双方的封锁与反封锁斗争达到白热化程度。

伍德沃德上将在完成对马岛的封锁后,意识到马岛面积较大,而自己带来的特混舰队海军陆战队队员只有3000名,难以对阿方驻守马岛的1.3万人的军队形成攻势。于是,他决定先困住、削弱对手,再发起致命一击。随后,英军旨在瘫痪阿军的防御体系的登陆准备战就此展开。

5月1日,英军对马岛实施连续不断的舰炮袭击,并出动阿森松岛上的战略轰炸机,对马岛的机场跑道及其他后勤设施等重点目标进行轰炸。英军"火神"式轰炸机依靠其先进的电子导航系统,从阿森松岛的空军基地携带21枚千磅高爆炸弹,长驱奔袭5000多千米,对马岛机场和港口实施精准的远程打击,成功摧毁了机场跑道上毫无防备的阿根廷空军。

英国海军的"海鹞"式战斗机,从"竞技神"号航空母舰上飞赴马岛首府斯坦利港机场,执行轰炸任务。为报复英军的空袭,当晚,阿根廷空军血气方刚的柯利那上校,亲自率领从大陆基地抽组的各类战机对英国特混舰队实施夜间轰炸。但阿军并没有掌握英国特混舰队的位置,半路即被英军发现,"竞技神"号航空母舰上的"海鹞"式战斗机随即对阿根廷战斗机进行强势拦截。空中混战让阿根廷空军损失5架战机,柯利那上校也在战斗中阵亡。

与此同时,英阿双方一场水上水下的生死角逐也在激烈进行着。

负责封锁圈外线的英国核潜艇"征服者"号紧盯阿根廷79.3

特混大队的旗舰"贝尔格拉诺将军"号重型巡洋舰。5月2日凌晨,英军"征服者"号潜艇发现,由2艘驱逐舰护航的"贝尔格拉诺将军"号重型巡洋舰在英方宣布的"海上战区"外航行。英方及时向万里之外的英国首相撒切尔夫人汇报了这一敌情,并请示对该舰发起攻击。获得撒切尔夫人的批准后,2枚带有800磅弹头的鱼雷迅即从英军"征服者"号核潜艇射向"贝尔格拉诺将军"号。几十秒后,击中目标,其中一枚击中船头周边,另一枚击中船身后半部,造成大爆炸。值得一提的是,这艘老式重型巡洋舰装甲的优良品质,很好地保护了船体,爆炸并没有引起舰身起火,但船上的电力设备被彻底损坏,既无法发出无线电求救信号,也无法将大量涌入船内的海水迅速抽出,船只开始下沉。1小时后,舰长下令弃舰,全体人员乘救生艇逃生,"贝尔格拉诺将军"号重型巡洋舰沉入了南大西洋海底。

让人惊诧的是,在"贝尔格拉诺将军"号遭受鱼雷攻击并沉没的全过程,2艘护航驱逐舰非但没有施以援手,反而继续向西航行。也许他们根本没有看到求救的信号,完全不知情,阿根廷海军训练的糟糕程度可见一斑。当他们得知"贝尔格拉诺将军"号遇难的消息时天色已黑,救生艇在寒冷天气、狂风以及巨浪的冲击下,早已被冲散。经过两天的搜救,阿根廷及智利船只共救起700余人,"贝尔格拉诺将军"号重型巡洋舰上的其余300余名官兵阵亡。

英军万里奔袭第一阶段非常顺利,但阿根廷空军的反击也要开始了。

第三节 殊死较量

英军核潜艇击沉"贝尔格拉诺将军"号重型巡洋舰的事实，极大打击了阿根廷海军本就低迷的士气。慑于英国核潜艇强大的水下打击力，阿根廷海军舰艇不敢再轻易出港作战。"五月二十五日"号航空母舰始终巡游在阿根廷近海海域，在整场战争中都没能发挥出航空母舰应有的作用。胆小如鼠且一败涂地的阿根廷海军就此彻底丧失了制海权。

但柯利那上校的死激怒了阿根廷空军，他们拥有17架"幻影3"战机、37架"超级军旗"战斗轰炸机和36架"天鹰"攻击机等大量新型主力战机。利用本土附近作战的地理优势，阿根廷空军集中兵力，多批次、多方向地派飞机轮番袭击英军舰队。阿根廷空军的战机有近百架，在数量上远超英国特混舰队的28架"海鹞"战斗机，质量上也并不逊色。

英国特混舰队因为缺乏战机，且没有预警机。伍德沃德上将只得派出英军最先进的驱逐舰轮流担任哨舰，用雷达对空警戒，确保航空母舰的安全。虽然这一决策是无奈之举，但也为这些驱逐舰本身带来了巨大的隐患。阿根廷空军决定首先拿这些驱逐舰开刀立威。

5月4日上午，南大西洋上空乌云密布，飓风时速达120千米，海浪被掀起十几米高。英国最新驱逐舰"谢菲尔德"号正在为"竞技神"号航空母舰编队护航，执行雷达警戒任务。南大西洋的大风大浪对"谢菲尔德"号舰上的雷达无线电系统造成巨大干扰，荧光屏上出现一片白花花的海浪干扰点。雷达始终得不到有效的搜索信息，这正是阿根廷空军发动攻击的大好机会。

阿根廷空军出动3架"超级军旗"战斗轰炸机、3架"幻影"战斗机对"谢菲尔德"号发起攻击。在阿根廷飞机侦察到"谢菲尔德"号后，艺高人胆大的阿根廷飞行员迅速将飞行高度下降到40—50米的高度，利用地表掩护在雷达盲区内迅速接近目标。

阿根廷战机飞临"谢菲尔德"号48千米处，在进入"飞鱼"导弹射程时，迅即拔高到150米，在30秒时间内迅速打开机上雷达，搜索到"谢菲尔德"号的精确方位，将目标参数迅速输入计算机并按下导弹发射按钮，"飞鱼"导弹呼啸着向预定目标飞去，射向了"谢菲尔德"号驱逐舰。

"谢菲尔德"号被呼啸而来的"飞鱼"导弹穿舷而过，在舰体中央撕开一个大洞，"飞鱼"打穿没有装甲的驱逐舰，钻进了甲板下的控制中心，165公斤的高爆炸药迅即爆炸，20多名舰员瞬间丧生。20秒钟后，"谢菲尔德"号的动力、操纵、电子设备和武器系统彻底失去作用，整个战舰成为一条"死鱼"。

爆炸结束后，全舰三分之一的部位陷入火海，火势逐渐向两侧蔓延，甚至逼近舰上的弹药和燃料储存舱。几个小时后，舰身开始缓慢倾斜，舰长不得不下令弃舰，200多名水兵乘救生艇离开，部分被困在甲板下的士兵没能逃生。"谢菲尔德"号上的大火直到5月5日下午才渐渐熄灭，漂浮在海上的舰艇残片满目疮痪，令人惨不忍睹。"谢菲尔德"号最终在被拖船拖回英国的途中沉没。

"谢菲尔德"号是英国最先进的一艘水面舰艇，在担任警戒任务时突然被导弹击中并沉没，这在战术上给了英国人一个沉重的打击，但老牌帝国毕竟实力强大，伍德沃德上将依然指挥英国特混舰队在战略上割裂了马岛与阿根廷本土的联系。

阿根廷空军不惜代价，也要打破英军的封锁，一轮新的战斗即将在双方之间展开。

第四节　胜败已分

阿根廷空军认为，他们首要的攻击目标是英国航空母舰，只要将这2艘英舰击沉，就可以夺取马岛制海权，因此竭尽全力搜索"无敌"号与"竞技神"号。但因为阿根廷海军不敢出动，空军飞行区域有限，侦察能力严重不足，始终不能掌握2艘英国航空母舰的具体位置，只能被动迎战。

另一边，"谢菲尔德"号的沉没让英军指挥官调整着认知与行动。在撒切尔夫人的支持下，伍德沃德上将指挥英国特混舰队回击阿根廷海军、空军的骚扰和偷袭，同时冷静地筹划登陆马岛的进攻计划。

伍德沃德海军上将认为，阿根廷空军对英国特混舰队的威胁要比海军大。他最担心的是如果阿根廷迅速修整马岛的斯坦利港机场，加长跑道，便于起降阿根廷空军飞机，将严重影响交战双方的整个作战态势。因此，他决定立即对马岛机场采取进一步破坏行动。

基于这一决策，驻扎在英国本土的"火神"战略轰炸机首次直飞战区，经过10架加油机的途中加油后，终于飞临马岛机场上空，投下21枚重1000磅的炸弹，对机场造成严重破坏。此后，在海军猛烈火力的支援下,"无敌"号和"竞技神"号航空母舰上仅有的28架"海鹞"式垂直起降飞机全部出动,再次向阿军机场发起空袭,但机场仍然没有被完全摧毁。令人费解的是,阿根廷事后并没有及时修建跑道以便降落它的喷气式战斗机,导致阿根廷拥有前线机场的优势完全被消解,阿根廷空军只能从本土起飞,飞行距离的增加,限制了阿根廷飞机在战区的作战时间,对英国的空中威胁大大减弱。

为对付阿根廷的空中威胁,伍德沃德重新调整了兵力部署,将特混舰队主力舰船从马岛至阿根廷大陆之间海区转移到马岛以东阿根廷飞机作战半径以外的海区。截至5月7日,英军封锁了阿根廷领海、领空以外的所有海、空域。

阿根廷空军不甘心坐等失败,与英军特混舰队飞机在几个机场和其他军事设施附近展开激战,战斗让阿根廷空军损失飞机10余架。阿根廷海军则一如既往地保持着不堪一击的本色。他们的一艘侦察船和一艘油船被击沉了。英军很快控制了马岛附近制海权,几乎切断了阿根廷对马岛的支援和补给,驻守马岛的阿根廷军队陷入极难境地。

5月中旬的一天,在夜色中,搭载英军特种部队的直升机从"无敌"号航空母舰起飞,袭击了佩布尔岛机场,击毁阿根廷空军11架飞机,并摧毁雷达站和弹药库各1座。取得暂时性胜利的英军并未停留,迅速撤回到"无敌"号航空母舰。英军这种打完就跑的战术,既发挥了自身先进的作战体系,又遏制了兵力庞大的阿根廷陆军,让他们有力无处使。

经过近20天的封锁战,伍德沃德认为登陆时机成熟。5月21日,英军马岛海上作战从封锁转入登陆。

21日早上，"无敌"号航空母舰舰长下达登陆作战的攻击命令。"竞技神"号和"无敌"号航空母舰上"海鹞"式舰载机的出动强度达到马岛战争中的峰值，这为登陆的舰艇和部队提供了强大的空中掩护和火力支援。下午，在"无敌"号航空母舰和6艘驱逐舰护航下，满载3500名陆军官兵和装甲部队的3艘两栖攻击舰、6艘登陆舰和1艘运兵船，驶向登陆点圣卡洛斯港。

阿根廷总统加尔铁里下令誓死击退英国人，阿根廷空军更是不惜代价，对登陆的英国军队进行猛烈攻击。但阿根廷空军作战多以单打独斗为主，没有体系支撑，遭到英军"海鹞"式战机的有效拦截，付出惨重代价——仅21日一天就有近20架飞机被击落。晚上，英军突击队未损一兵一卒，完成登陆。但阿根廷陆军兵力强大，英军一时无法占领阿根廷据点，双方战斗随即进入胶着状态。

阿根廷空军决定全军出动，向英军发起最后一击，这也是阿根廷在战争中的最后一搏。在整整九天的紧张行动中，阿根廷出动约120架次飞机，其中有90架次抵达战区，在登陆区或者附近水域击沉英军3艘舰艇，重创多艘战舰和两栖舰。5月21日，英军"热心"号护卫舰被击沉。5月25日是阿根廷国庆日，也是其空袭战果最辉煌的一天。阿根廷以3架飞机坠毁、2名飞行员丧生、1名飞行员被俘的代价，击沉英军"考文垂"号驱逐舰、击伤"大刀"号，还摧毁了"大西洋运送者"号集装箱货船，舰上搭载的价值无可估量的军用物资和直升机全部葬送。阿根廷在重创英军的同时，也遭受了巨大损失，21架飞机被击落，将近占到飞抵战区飞机数量的四分之一。其中有12架飞机被"海鳐"击落、8架被舰载或岸基武器摧毁，还有1架是被上述三种力量共同打下来的。阿根廷空军战机所剩无几，战力消耗殆尽。

此时，英国方面也面临着巨大的压力，28架"海鹞"战机已经达到使用极限。为了支援登陆作战，5月30日，"无敌"号航空母舰受命驶入马岛东北部100海里——阿根廷的空军攻击范围之内。阿根廷空军决定派出最后的精华拼死打掉"无敌"号。

英国人很谨慎。"无敌"号航空母舰驶入阿根廷陆基飞机作战半径后立即高度警戒，起飞了数架"海鹞"战机在附近海域巡回侦察，同时，护卫舰的搜索雷达也全部打开。

阿根廷空军派遣2架"超级军旗"战斗轰炸机和4架"天鹰"攻击机组成最后的飞行编队向"无敌"号发动攻击。当阿根廷飞机距离"无敌"号航空母舰编队80千米时，周边巡逻的"海鹞"式战机立刻发现了它们，迅速向"无敌"号发出预警并冲上前去拦截，准备把它们消灭在舰队的警戒范围之外。

阿根廷"超级军旗"驾驶员带有"飞鱼"导弹，"天鹰"攻击机只带有普通炸弹，在发现前来拦截的"海鹞"式战机后，"天鹰"攻击机立即爬升引开"海鹞"式战机，"超级军旗"不敢恋战，用雷达锁定"无敌"号航空母舰位置后，迅速发射2枚"飞鱼"导弹即返回基地。

"无敌"号对空搜索雷达发现"飞鱼"导弹距离自己只有25千米时，立即转向以减小自己对"飞鱼"导弹的雷达反射面，同时英军立刻发射诱惑导弹，并展开近程防空系统。一枚"飞鱼"被击中落入大海，另一枚则躲过拦截，继续向"无敌"号飞去。

英军3架"海鹞"式战机并排着一起冲向"飞鱼"导弹，企图吸引"飞鱼"导弹的雷达。在距离航空母舰只有1千米的关键时刻，"飞鱼"导弹被3架"海鹞"式战机制造的更大范围的雷达反射面吸引住，转而向着"海鹞"式战机猛冲过去，此时"海鹞"式战机加大油门迅速提高飞行高度躲避，"飞鱼"导弹最终落入远处的海中爆炸，"无敌"号航空母舰安全了。

阿根廷的另外4架"天鹰"攻击机用普通炸弹也未能成功袭击英军的"无敌"号航空母舰，反而有2架"天鹰"攻击机被"海鹞"式战机击落。

6月初，阿根廷飞机对运送后续部队和装备的英军舰船和陆上部队继续猛烈空袭，击伤1艘护卫舰和2艘登陆舰，但又有10架飞机被英军击中，这是阿根廷空军的最后一击。阿根廷空军所剩不多的战斗力量再也不能对英国特混舰队形成威胁，马岛之战大局已定。

此后，英军加快了进击马岛的步伐。到6月13日，英军进至距离斯坦利港城中心仅3—4千米处，准备最后的决战。

然而，弹尽粮绝、四面楚歌的阿根廷守军心有余而力不足，无法坚守阵地。6月14日当晚，守岛阿军正式宣布投降，此时岛上仍有约11000名阿军官兵。至此，历时2个多月的英阿马岛战争以英国胜利、阿根廷失败宣告结束。

英阿马岛之战，上演了多种大比拼：海上机场与陆上机场、舰载机与陆基飞机等。英国皇家海军的航空母舰胜过了阿根廷空军的机场，英国皇家海军的舰载机胜过了阿根廷空军的陆基飞机。

第二次世界大战后，大西洋上规模最大、持续时间最长的一次武装冲突，非马岛之战莫属。它是第二次世界大战后历次局部战争中，唯一一场交战双方都拥有航空母舰的战争。然而，代表阿根廷海上威力的"五月二十五日"号航空母舰却近似于摆设，慑于英国海军实力，阿军航空母舰一直游弋在阿根廷浅近海海域，几乎没有开展什么实质性的作战。从这个角度讲，马岛之战实际上并未发生真正的航空母舰之间的战斗。

相形之下，英军航空母舰及其舰载机所形成的海上流动空军基地，在争夺战场制海权、制空权、实施封锁和支援登陆作战中发挥了重要作用。如果英国没有航空母舰，就没有把握在战区获得制空权，就不敢打这场战争；同时，由于航空母舰上缺乏有效的空中警戒，英国又险些输掉这场战争。

与美国海军的航空母舰相比，英国航空母舰在马岛战争中也暴露出一些不足：一是英军的航空母舰编队缺少预警机，没有足够的远程空中预警能力，致使对空防御时常出现疏漏，让阿根廷战机有机可乘；二是英军的航空母舰数量少，吨位小，舰载机规模不大，既要对海上、岸上目标开展攻击，又要担负舰队防空任务，难免顾此失彼。

海风依旧，马岛犹在。时至今日，马岛战争结束已多年，英、阿两国关于马岛归属权的争端仍未解决。但经此一战，英国拥有了2艘高性能伊丽莎白女王级航空母舰（"伊丽莎白女王"号和"威尔士亲王"号），而参加过马岛之战的阿根廷航空母舰"五月二十五日"号却在1993年永久性退役。1999年这艘退役的资深航空母舰被拖往印度拆解。从航空母舰代表的军事实力看，阿根廷已无法与英国抗衡。

第十一章

局部战争中的海上巨兽

第二次世界大战后，随着科技飞速进步，军事技术不断发展，作为"海上移动的城市"、世界上最大的战斗舰队，航空母舰有了更大的发展空间。尤其是随着战争形式的演变，航空母舰在军事斗争中的地位更加凸显。第二次世界大战后，经过不断发展和完善，航空母舰装备的科技含量逐步提升，与舰载机的结合更加密切，在局部战争中的海空实力日益增强。

第一节　对付利比亚的锋利尖刀

　　1981年8月，位于地中海南部的最大海湾——锡德拉湾迎来了一队远道而来的"客人"——美国的第6舰队"尼米兹"号和"福莱斯特"号舰群。这2支航空母舰战斗群共有20余艘舰艇、200余架舰载机，它们漂洋过海来到锡德拉湾，是要参加在这里例行的海上军事演习。然而，地处锡德拉湾南岸的利比亚坐不住了，利军立即派出各式战斗机飞赴演习区域上空进行侦察。为什么这个小小的北非国家会跟超级大国——美国杠上了呢？因为早在1973年10月，掌握利比亚政权的卡扎菲便对其他国家宣称：锡德拉湾为利比亚领海，其他任何国家的舰船和飞机在进入该领域前必须征得利比亚的同意。而在卡扎菲对外宣称之前，美国海军常年在这一海域进行演习。

　　面对利比亚的行动，美第6舰队针锋相对，立即命令舰载机对利比亚战斗机进行拦阻和驱离。两国看似彼此制衡的侦察与阻抗侦察行动在8月19日这天被打破了。这天，从美国"尼米兹"号航空母舰起飞的两架舰载机循例侦察巡逻，当2架美机飞至距离利比亚海岸60海里的空域时，突然遭到2架利比亚战斗轰炸机的袭击。美飞行员凭借娴熟的驾驶技能，虎口脱险，成功地摆脱了导弹追击。紧接着，美方立即发起反击，转换角度锁定利方轰炸机，并发射导弹将这两架利比亚战机击落。这场迅雷不及掩耳的空战，以美胜利画上了句点，但同时，这个句点也成为两国关系加剧恶化的转折点。

美、利两国之间紧张的军政关系在1985年进一步恶化。是年12月27日，以色列航空公司在意大利罗马和奥地利维也纳的分公司突然遭到恐怖袭击，凶残的恐怖分子不断地向旅客及工作人员射击并投掷爆炸物，造成了上百人死伤的严重后果，死亡人员中还包括5名美国人。经调查，这起恐怖事件是巴勒斯坦恐怖分子精心策划并组织实施的，目的是对10月份以色列军方轰炸巴勒斯坦解放组织总部进行报复。然而，美国却声称实施恐怖爆炸行为的恐怖分子是利比亚支持并训练的，利方必须为此付出代价。至此，美国便以打击国际恐怖主义的名号，开始了针对利比亚的备战。

自1986年1月起，美海军的"美国"号、"珊瑚海"号和"萨拉托加"号3个航空母舰战斗群被陆续调往地中海。面对美方3艘航空母舰、34艘战斗舰艇和250余架舰载机的强大武力威胁和强势警告，利比亚选择了以视而不见、充耳不闻的强硬态度回应，继续重申锡德拉湾的主权地位，并进一步明确了越境的"死亡线"——北纬32度30分。利比亚的强硬姿态激怒了美国，威胁和恐吓不行，那就用军事打击让利方服软。美国紧急制订对利比亚实施打击的"草原烈火"计划，时间就定在3月23日至4月1日。对此一无所知的利比亚没有改变强硬姿态，也无从制定应战之策，熊熊战火一触即发。

按照打击计划，3月23日，美航空母舰战斗群继续以"和平自由航行与飞越"名义在距利比亚海岸180海里的海域进行海空联合军事演习。美军的探底行动也就此展开,在高层的授意下,F-14式舰载战斗机和F/B-18式舰载攻击机率先越过北纬32度30分线,在锡德拉湾上空试探性飞行。没有受到阻挠的美军紧接着派遣1艘导弹巡洋舰、1艘驱逐舰和1艘护卫舰大胆越过利比亚宣称的"死亡线",在锡德拉湾东部海域耀武扬威。

直到24日早晨,利比亚守军才发现美海军舰队已进入锡德拉湾海域,位于锡德尔镇的利比亚岸防导弹基地立即发出警报,随即对美战机发射"萨姆-5"导弹。但是,早有准备的美军及时对导弹实施了电子干扰,利比亚发射的导弹没能打中任何目标,最终落入海中。在第一波次攻击无果的情况下,利比亚命令2架米格-25战斗机迅速升空,试图逼近美舰,反遭美舰载机拦截,无功而返。傍晚时分,利比亚再次发动新一轮攻击,分别对美飞机和舰船发射了多枚导弹,但美方强大的电子干扰,成功地延续了它的胜绩,利比亚发射的导弹无一命中目标。

当晚,美海军凭借优良的夜视装备,利用夜色掩护向利比亚发起攻击。21时26分,为有效打击美海军舰艇,利比亚导弹巡逻艇加快速度,企图向美舰队靠近,却在行进中被发现。1架从"美国"号航空母舰起飞的A-6式舰载攻击机迅速向利方发射了"鱼叉"式空对舰导弹,利比亚导弹巡逻艇就这样被击沉。美军并没有就此停手,美国要把利比亚的守军变成瞎子、聋子。从"萨拉托加"号起飞的2架A-6式舰载攻击机,借助EA-6B式电子战舰载机,向利比亚岸防导弹基地发射了"哈姆"式高速反辐射导弹,炸毁了正在工作的雷达天线,雷达站瞬间失去了功能。

时针指向了23时15分,在暗沉的夜幕掩映下,美军"珊瑚海"号航空母舰又起飞了2架A-6式舰载攻击机,在浓重的夜色中向利比亚导弹艇实施了强势攻击，击沉了1艘利方导弹艇。美海军舰载机发挥强大的空战优势，持续对利比亚的岸防导弹阵地和导弹艇实施攻击直到25日上午9时。这场短兵相接的战役以美方大获全胜宣告终结。拥有庞大航空母舰战斗群的美军用胜战的事实教育着态度坚决却无任何战争准备的利比亚。

"草原烈火"计划取得了预期的效果，美国海空军的装备技术与作战实力在实战中得到检验。然而，令美国意想不到的事情发生了。看得见的战斗有了胜负，看不见的斗争却在别的场域揭开了序幕。4月2日，美国1架波音727客机被炸。4月5日，西柏林一家美军经常光顾的舞厅被炸。美国认为接连发生的恐怖爆炸事件都是利比亚策划并实施的。就这样，在"草原烈火"计划实施不到20天后，美国又发动了一场规模更大的军事作战计划——"黄金峡谷"计划，作战目标仍是利比亚。

4月14日，美军吹响了海战集结号，两部分航空母舰集群在不同海域向着同一个目标集结。以"珊瑚海"号、"美国"号航空母舰为核心的特混编队32艘舰船，搭载160架舰载机在地中海中部距利比亚海岸500千米的海域集结待命，印度洋上的"企业"号航空母舰战斗群也火速驶向阿拉伯海，做好了随时向地中海方向靠拢增援的准备。

15日凌晨，航空母舰特混编队上空所有参战机群准时集结完毕。这次除了舰载攻击机机群，参战的还有美国空军战斗轰炸机机群。空军战斗轰炸机群是从5000千米外的英国基地出发，沿途经过几次空中加油才飞过来的。在空中整队完毕的联合飞行编队把攻击目标分别锁定在的黎波里、班加西两个地点。

最先开始的是预先突击。这场突击延续了"草原烈火"计划的胜战经验，就是要把目标对象变成瞎子、聋子。在EA-6B式舰载电子干扰飞机的帮助下，美军A-7式舰载攻击机、F-18式舰载战斗机分成两个攻击方向，向的黎波里和班加西周围的雷达站发射了50枚"百舌鸟"和"哈姆"式反辐射导弹。这场突袭式的密集暴击直接摧毁了利比亚5座雷达站，同时导致其余雷达站被迫关机、停止工作，一举切断了利比亚防空系统的预警信息源，导致整个防空系统彻底瘫痪。在局部作战中小胜的美军并没有停止进攻的脚步，EA-6B式舰载电子干扰飞机与EF-111式电子干扰飞机继续对的黎波里、班加西两地的雷达和通信设施进行电子干扰。从预先突击到主要突击，美军用时不过几分钟。

随后，主要突击开始。A-6式舰载攻击机主攻班加西方向，F-111式战斗轰炸机主攻的黎波里方向。到凌晨2时11分，主要突击结束。在这次短促的空袭中，美方除1架F-111式战斗轰炸机被地面炮火击落外，其余空袭飞机全部安全返航。而其向战斗目标投掷的约150吨炸弹，全部按预先计划命中，给利方造成严重破坏。由多军种、多机种组成的空中攻击梯队，无论是在时间和空间上的协同配合，还是攻击效果都达到了极为精密准确的程度，是"外科手术"式打击的典型范例。

在不到一个月的时间里，美国对利比亚发动了两次打击，从压倒性的胜战结果看，美军航空母舰战斗群的综合作战能力达到了世界一流水平。由于大量应用电子技术和信息技术，舰载机的功能日趋完善，战斗力也日益增强，其攻防能力得到了充分展现，不仅能成功地实现对反舰导弹的有效防御，还能完成对岸上固定目标和海上移动目标的有效攻击。美国航空母舰的作战能力跃升到了一个新的水平。

第二节 海湾战争中控制制海权

20世纪90年代初，因民族、宗教、领土、运河、石油、淡水等问题，地处波斯湾的两个邻居——伊拉克与科威特陷入了摩擦不断、矛盾持续激化的局势中。1990年8月1日，这一纠缠对立的情势因两国围绕石油问题的谈判失败而急转直下。8月2日，伊拉克入侵袭科威特，并对外宣称科威特为伊第19个省，海湾战争随即爆发。

伊拉克的侵略行径令世界一片哗然，各国普遍强烈反对其入侵别国的行动，一致要求伊方迅速撤军。然而，时任伊拉克总统的萨达姆罔顾一系列国际制裁，坚持不撤军。这一操作同时挑战着联合国的权威和美国的底线。作为当今世界发展的"血液"和现代军队的驱动力，石油在各国眼中都弥足珍贵，而海湾地区是欧美国家石油的主要供给地。伊拉克的入侵行动，意味着该国有可能把控世界一半的石油资源，这无疑就是卡住了西方国家的咽喉。欧美世界绝不会坐视其吞并科威特的。于是，西方世界的旗手——美国先行动起来。在总统乔治·布什的授意下，美国参联会主席鲍威尔上将立即命令"独立"号航空母舰从印度洋迪戈加西亚岛附近向阿曼湾火速前进，于8月7日抵达海湾入口处的阵位。

与此同时，部署海湾的命令也下达给了游弋于地中海的"艾森豪威尔"号航空母舰，该舰迅即穿越苏伊士运河进入红海。随后，另外2艘航空母舰迅速向中东地区集结。8月15日，"肯尼迪"号航空母舰驶离美国西海岸向海湾进发，于9月中旬通过苏伊士运河进入红海。8月22日，"萨拉托加"号航空母舰进入红海。其时，美国4个航空母舰战斗群对伊拉克形成直接、有力的军事威慑。其后，包括"中途岛"号、"突击者"号、"罗斯福"号和"美国"号在内的其他航空母舰，也相继被抽调集结于海湾。

至此，美国海军先后出动了8艘航空母舰，完成了海湾地区的海上排兵布阵。虽然"独立"号和"艾森豪威尔"号航空母舰因故中途撤离，并未参与对伊作战，但其出入海湾的行动已然对伊拉克形成军事威慑。当时，美国在海湾实际部署和参战的航空母舰已占到其航空母舰总数的一半，始终维持在6艘。这不仅体现了美国航空母舰建设的实力，更彰显了美国对海湾战争的重视。

与此同时，部署于海湾地区的航空母舰还有英国的"皇家方舟"号航空母舰，法国的"克莱蒙梭"号航空母舰、"福煦"号航空母舰，这无疑是美国的忠实盟友对其军事动作的有力响应。

航空母舰部署完成只是美国战略的第一步，它的第二步战略目标就是控制海洋，以便为地面部队和空军部队提供海洋交通线上的掩护，保证人员、物资和作战装备的海上运输安全。这样不但能够确保己方在海洋上的安全，还可以阻止敌方利用海洋进行反击。

1990年8月16日，为防止禁运物资通过海运进入伊拉克境内，美国海军驻中东部队接到了时任美国总统乔治·布什的特殊命令：对伊拉克实施全面的海上封锁，拦截并严格检查一切过往的伊拉克商船。此后几个月中，美军凭借着对海洋的绝对控制权，总共拦截、盘查了数千艘商船，迫使数十艘商船因装载禁运物资而被迫改变航向。

美军的海上拦截行动在很大程度上是依赖航空母舰的舰载机。一方面为行动提供空中掩护，另一方面担负着搜索海上目标，甚至执行登船检查的任务。例如，1991年1月31日，美国著名的海豹突击队，犹如天兵从天而降，在茫茫大海中迅速登上并控制了1艘名叫"超级明星"号的货船，他们执行的任务就是配合美军"比德尔"号巡洋舰的海岸警卫队全面检查该货船。当时搭载这些"天兵"的正是"肯尼迪"号航空母舰的舰载直升机。

一系列严厉的海上拦截活动，彻底切断了伊拉克的海上通道，石油出不去，战略物资进不来，伊拉克的经济和军事潜力受到前所未有的沉重打击。这一战略目标的实现依靠的正是以航空母舰为坚强后盾的舰艇编队。

在海上封锁持续五个月和全面作战准备完成后，1991年1月16日，随着乔治·布什签署的一纸命令，美军向伊拉克开战！由此，海湾战争爆发了，这是冷战结束后美国主导的第一次大规模武装冲突。

1991年1月17日，多国部队对伊拉克展开了名为"沙漠风暴"的作战行动。首先由空军对巴格达实施了空袭。而支撑空袭的正是美国航空母舰战斗群，包括两个特混舰队的6艘航空母舰：波斯湾特混舰队，由"中途岛"号、"突击者"号、"罗斯福"号3支航空母舰编队组成，旗舰是"中途岛"号，舰队司令是第5航空母舰大队司令。后来,"美国"号航空母舰被调往波斯湾,为了加强波斯湾特混舰队,以利于对地面进攻实施空中支援。

　　红海特混舰队,由"肯尼迪"号、"美国"号、"萨拉托加"号3支航空母舰编队组成,旗舰是"肯尼迪"号,舰队司令是第2航空母舰大队司令。

　　这两个特混舰队的6艘航空母舰还分别配备了6个舰载机联队,其中美国的舰载机共有9种类型、计455架,约占多国部队飞机总数的16%。它们执行的主要作战任务是空中侦察预警、空袭、反舰、防空等。以美国为首的多国部队凭借庞大航空母舰营造的海上基地,为舰载机起落补给提供了强有力的保障,因此也牢牢掌握了海湾战争的制空权。

　　海湾战争中发挥作用最大、持续时间最长的就是空袭战。空袭战的重要力量之一正是航空母舰战斗群。据统计,由航空母舰发起的打击行动,在多国部队对伊拉克整个空袭中的占比超过了三分之一。仅空袭第一天,就有高达548架次舰载机从航空母舰上起飞。

　　在"沙漠风暴"行动期间,被誉为劳模型作战助手的E-2C预警机,为作战指挥官提供了全面、准确、实时的战场情报,是美军在战区内最早部署的空中预警与控制系统飞机。它以航空母舰为起降平台,既能汇集并综合分析机载空中预警控制系统、舰载"宙斯盾"系统和其他来源的战场信息,更具有纠正错误信息的本事,当时,战区中27架E-2C预警机中,25架都由航空母舰搭载。它们从红海和波斯湾航空母舰起飞,一天24小时不间断地执勤飞行,对战场态势实行全时监视,使海军攻击部队及其他多国部队清晰了解战场态势。机组的空中管制人员还协调各类兵力之间的行动，避免多国部队内部相互发生冲突，进行有针对性的战术控制。

空袭期间，对伊拉克地面防空系统实施有效干扰和压制的是电子战舰载机。多国部队为延长足够多的飞行航程和留空时间，使用空中加油机为执行空袭任务的舰载机提供空中加油，大大解决了航空母舰部署阵位与打击目标距离过远的问题，使得航空母舰的作战功能愈发主动灵活。

制空权不仅能保证己方航空的自由和安全，更能限制敌方航空兵和防空兵力兵器的战斗活动。防空主要采取电子战手段，"沙漠行动"中，约有五分之一架次的舰载机是为执行防空任务的，鲜有真正的空战发生。1月18日，发生的一场遭遇战是舰载机绝无仅有的一次空中格斗。这天，从"萨拉托加"号航空母舰起飞的2架F/A-18式舰载机在轰炸一个机场时，发现2架伊拉克米格-21式歼击机，便用"响尾蛇"空对空导弹将其击落。

在"沙漠风暴"行动中，美国的航空母舰作战群强大的作战、保障能力，还体现在反舰作战成果丰硕。

1月18日，"突击者"号和"中途岛"号航空母舰派出舰载攻击机击伤了伊拉克2艘炮艇、1艘导弹艇和1艘勤务船。为了阻隔伊拉克海军水面舰艇与巴士拉、祖拜尔、乌姆盖斯尔的港口设施和海军基地之间的联系，"突击者"号航空母舰派出18架舰载机，在祖拜尔河口布设水雷。1月22日，伊拉克的1艘气垫艇被"中途岛"号航空母舰的舰载机击沉。1月24日，伊拉克的1艘布雷舰和1艘巡逻艇被"罗斯福"号航空母舰的A-6E式舰载机击毁，F/A-18式舰载机则击中了位于伊拉克乌姆盖斯尔海军基地的4艘舰艇。2月20日，1艘炮艇被"罗斯福"号航空母舰的舰载机击毁。

海湾战争中，以美国为核心的多国部队基于航空母舰的联合作战、电子战、指挥控制、精确打击等作战手段更趋成熟、更加实用、更为有效，彻底改变了人们对传统航空母舰作战形式、手段、能力的认知，让航空母舰的主力战舰地位在战火考验中继续得以巩固和强化。

第三节　突袭阿富汗

2001年9月11日,震惊全球的"9·11"事件发生。美国4架民航飞机连续遭受恐怖分子劫持,先后撞击了纽约世界贸易中心和华盛顿五角大楼。在此次惨案中,约3000人身亡,6000人受伤,经济损失达2000亿美元。此次恐怖事件是自珍珠港事件以来,美国本土第二次遭受惨重伤亡袭击,给美国民众造成了极为深远的影响。事件发生后,虽然塔利班声明袭击事件与本·拉登无关,但美国坚持认定藏匿在阿富汗受塔利班保护的本·拉登就是这次事件的主谋。于是,从10月7日开始,美国及其盟国便正式展开了针对塔利班的"持久自由"军事行动,持续2个多月的轰炸,塔利班军队节节败退,掌控阿富汗政权达6年的塔利班最终垮台。

在对阿富汗实施轰炸的过程中,美国强大的航空母舰舰队再次发挥了极其重要的作用。美海军第5舰队司令部就设在波斯湾南岸的小国巴林,一旦海湾地区附近爆发战争,第5舰队的潜艇、巡航导弹驱逐舰和航空母舰舰载机,就可以在很短的时间内对海湾地区的任何敌方目标实施打击。因此,在确定打击阿富汗后,美海军"卡尔·文森"号和"企业"号2个航空母舰战斗群便根据命令快速集结待命,于9月中旬部署就位,在印度洋一带游弋，为美国可能发动的反击恐怖分子的行动做好了准备。

除第5舰队外，美国防部又从其他地区抽调兵力，剑指海湾。驻日本横须贺海军基地的"小鹰"号航空母舰、"考彭斯"号导弹巡洋舰和"威尔伯"号导弹驱逐舰，于9月中旬离开港口，朝印度洋进发。几天后，"罗斯福"号航空母舰也迅速开往波斯湾及印度洋地区。

在短短几天内，美国就在海湾和印度洋一带集结了4组航空母舰战斗群。每艘航空母舰各载有70多架作战飞机，连同驻扎在土耳其等基地的战机在内，美军在该地区的战机数量超过700架。作为美国的忠实盟友，英国也向海湾地区派遣了"卓越"号航空母舰的20余艘军舰以呼应美国的军事行动。

2001年10月7日晚，从"约翰·保罗·琼斯"号驱逐舰上呼啸而起的一枚"战斧"式巡航导弹作为首发弹，打响了美军对阿富汗的军事打击行动。停泊在阿拉伯海的"卡尔·文森"号航空母舰进入临战状态，随着舰长一声令下，数架F-14"雄猫"式战斗机、F/A-18战斗攻击机腾空而起，呼啸着飞向阿富汗领空。在第一波攻击中，"卡尔·文森"号一共出动了20架舰载机用以攻击阿富汗机场、雷达设施以及本·拉登的基地组织营地。

在另一处海面上，"企业"号航空母舰正在做着攻击准备，舰长下达命令后，两架满载弹药的F-14"雄猫"式战斗机划破长空，飞往阿富汗。"卡尔·文森"号再次出击，12架飞机陆续从甲板上腾空，开始对阿富汗首都喀布尔进行轰炸。持续11小时的轰炸结束，美军所有战机安全返回。阿富汗本身经济军事实力薄弱，军事尖端武器稀少，航空和防空力量在美舰载机的轰炸下不堪一击。

在第一波攻击中，美海军航空兵出动舰载机25架，美国潜艇和4艘水面舰艇以及1艘英国潜艇共发射了50枚"战斧"式导弹，另外还有B-1、B-2和B-52轰炸机共约15架，打击了阿富汗塔利班政权的防空设施、飞机和组织基地等约31个目标。

"小鹰"号航空母舰战斗群抵达战区后，进一步加强了海军航空兵的空中打击力量。"卡尔·文森"号和"企业"号舰载机完成一次任务需飞行七八个小时，远距离飞行使飞行员身心俱疲，鉴于此，"卡尔·文森"号和"企业"号从距离阿富汗960千米以外的海域赶来，协同"小鹰"号航空母舰再次加入作战。随后，"罗斯福"号航空母舰战斗群也抵达战区，舰上搭载了第1舰载机联队，携带固定翼飞机和直升机70架，大大减轻了"卡尔·文森"号和"企业"号长期作战的压力。

2001年11月中旬，随着战事的推进，"约翰·斯坦尼斯"号航空母舰战斗群根据作战需要启程前往阿拉伯海，接替持续作战的"卡尔·文森"号航空母舰战斗群。"约翰·斯坦尼斯"号航空母舰战斗群共有10艘舰艇，载有第9舰载联队约8500名官兵。2002年1月，"肯尼迪"号航空母舰战斗群开赴阿拉伯海，接替"罗斯福"号航空母舰战斗群作战。

"持久自由"行动中，美空军向中东地区派遣了100多架战术飞机，但因没有前进基地做依托，这些飞机没有参加第一阶段的空袭。美军每阶段空袭使用的兵力主要是部署在迪戈加西亚基地的B-52和本土基地的B-1B、B-2战略轰炸机、停泊在阿拉伯海上的4艘航空母舰上的F/A-18战斗攻击机以及"战斧"巡航导弹。

从2001年10月7日对阿富汗作战开始，美、英两国先后部署了近8万兵力，动用5个航空母舰编队及500多架战机，对阿富汗实施了强有力的军事打击。而在这个过程中，具有强大火力配置和制空能力的航空母舰以及舰载机的参战，极大地加速了阿富汗塔利班政权的溃败，为地面部队进入阿富汗、清除"基地"分子奠定了基础。

第四节 "自由伊拉克"行动打头阵

"持久自由"行动为美军航空母舰战斗群的纵深空中打击提供了试验场。一年后,针对萨达姆·侯赛因的"自由伊拉克"行动成为航空母舰发挥空中打击的新战场。

"9·11"之后,美国借反恐之机,以萨达姆政权拥有大规模杀伤性武器、肆意践踏人权为由,将伊拉克列为"邪恶轴心国"之一。2003年3月初,美军航空母舰"罗斯福"号和"杜鲁门"号驻扎在地中海东部,"小鹰"号、"星座"号和"林肯"号及其搭载的舰载机联队部署在波斯湾海域,每支舰载机联队大约配置有50架攻击飞机。此外,"尼米兹"号航空母舰被派往波斯湾,替换连续在岗9个月的"林肯"号航空母舰。9个月,"林肯"号已经创下了美国航空母舰在海外部署时长新纪录。

攻击开始前,由于土耳其不允许美军使用其领土和领空开展联合作战行动,3月16日开始,美中央司令部不得不将一些舰船从东地中海地区转移至红海,以便通过沙特阿拉伯领空对伊拉克发射"战斧"对地攻击导弹。重新部署了"罗斯福"号与"杜鲁门"号航空母舰在东地中海的驻扎地,为不久将进入伊拉克西部地区参战的特种作战部队提供不间断的火力覆盖支援。

3月17日，布什总统给萨达姆·侯赛因下达了最后通牒，限他和家人48小时内离开伊拉克，如果他拒绝，那么集结在中东地区的盟国部队就会使用所有的部队和力量发起攻击。

3月19日夜间，美国情报机构获悉，萨达姆·侯赛因"很有可能"将在位于巴格达南部的私人住所与部下密谈，谈话将可能持续几个小时。为此，在开火前的最后时刻，美军取消了空中和地面同时行动的进攻计划，取而代之的是"斩首行动"计划。获悉情报仅仅几个小时后，"斩首行动"便开始了。

3月20日拂晓前，海军舰船与2架空军F-117A隐形攻击飞机根据情报提供的位置对萨达姆可能藏身的3幢建筑发起攻击。海军舰船发射了40枚卫星制导"战斧对地攻击导弹"，2架F-117A隐形攻击飞机对目标投放了2枚2000磅的EGBU-27激光制导炸弹，海军的3架EA-6B"徘徊者"电子战飞机通过干扰对方的集成防空系统（IADS）雷达对F-117A隐形攻击飞机进行了支援。由于情报有误，此次行动最终没有达到预期目的。用一位美军高级官员的话说，此次行动规模有限，绝对不是空中作战的开始。

3月20日夜间，从航空母舰和陆上基地起飞的盟军攻击与战斗支援飞机发起了颇具试探性地空中打击行动。开始两天的打击主要针对的是"共和国卫队"的总部设施和其他一些目标，试图割裂伊拉克政权与民众之间的联系。

3月21日夜间，真正的进攻性空中打击行动开始。在针对伊拉克的大规模空中打击行动开始阶段，盟军一共出动超过1700架次飞机。在最初几天的空战中，因为没有得到土耳其的支持，从地中海东部2艘航空母舰上起飞的飞机不得不取道埃及和沙特阿拉伯领空。3月23日，土耳其终于改变了态度，允许盟军飞机使用其领空，这为美军战机的飞行提供了更为便捷的航线。

战争初期，盟军作战飞机每天飞行高达2100—2300架次。密集的空中打击被媒体称为"震慑"作战。初期空中打击的主要目的是让巴格达、巴士拉与摩苏尔周围的防空设施瘫痪，摧毁主要的指挥与控制据点。同时，盟军还对伊拉克南部的伊军火炮与地地导弹阵地实施了有限空中打击。为了保证这些作战任务的完成，5支参战的航空母舰舰载机联队日夜不停地运转，位于地中海地区的"罗斯福"号航空母舰与波斯湾北部的"星座"号航空母舰舰载机联队承担夜间轮替值班任务。

24日，"小鹰"号航空母舰出动飞机90架次，其中32架次有攻击任务。15架F/A-18战斗攻击机执行空袭任务，在伊拉克境内投下26枚导弹，攻击目标包括巴格达的防空设施、战壕和军火库等。

25日傍晚，一场被阿拉伯国家称为"夏马风"的特大沙尘暴严重干扰、迟缓了盟军的地面行动。沙尘暴持续三天，能见度通常不足100米。沙尘暴对位于波斯湾的航空母舰空战行动也造成了严重影响。在"林肯"号航空母舰上，沙尘落入飞机的进气孔和缝隙里，对飞机的座舱罩和引擎造成损害，并给一些飞机的返航带来麻烦。即便如此，"小鹰"号航空母舰当日飞行量仍高达约80架次。

25日，几架F/A-18E/F"超级大黄蜂"战斗攻击机从"小鹰"号航空母舰起飞，在伊拉克投下4枚重1000磅的炸弹和2枚JSOW集束炸弹，用以摧毁巴格达南部一带的导弹供应车。美军航空母舰不仅首次在战争中使用了F/A-18E/F"超级大黄蜂"战斗攻击机，还充分地利用了激光、GPS制导武器。除此之外，还在航空母舰上增添了巡航导弹。这些新兴的先进武器是在海湾战争、沙漠风暴行动中从未使用过的。

沙尘暴"夏马风"一停息，盟军的空中打击行动就迅即恢复到了原先的强度。在这次高强度、大密度的空袭行动中，有超过一半的打击目标是"共和国卫队"部队。到了3月末，空袭强度进一步加大。美军新一轮打击重点不仅包括伊拉克的地面野战部队，还包括电话交换设施、电视与广播信号发射台，甚至还有政府、媒体的办公室。

4月初，美中央司令部宣布盟军已经在伊拉克全境取得了空中优势。3天后，联合部队空战指挥官、空军中将T.迈克尔·莫斯利在报告中说，联合空战中心差不多消灭了全部的有价值目标。萨达姆·侯赛因政权于4月9日最终被推翻，美军车队驶过巴格达街道时只遇到了零星抵抗，数以千计的居民涌上街头，欢庆萨达姆·侯赛因政权的倒台。4月中旬以后，盟军作战与作战支援飞行架次降为每天700次左右，这只是战争行动高峰时作战飞行的三分之一。在海域、空域作战取得压倒性控制权的情况下，"小鹰"号与"星座"号航空母舰战斗群及其舰载机联队启程回国。至此，伊拉克战争中剩余的航空母舰战斗群数量降到了3个，它们分别列装驻扎在波斯湾和地中海东部，随时准备对美中央司令部的需求做出响应。

在"自由伊拉克"行动最紧张的时刻，美海军在全球范围内部署了8支航空母舰战斗群、8艘大甲板两栖舰船、21艘战斗后勤支援舰及76艘海上运输船只。其中，直接参与"自由伊拉克"行动的6支航空母舰战斗群是美国海军战区力量的核心。海军参战的其他兵力还包括3个两栖戒备大队和2个两栖特混部队。美国与其他盟国参战舰船共约180艘，兵力达到9万多人。共有超过700架的海军与海军陆战队飞机参加了"自由伊拉克"行动，这让盟军参战飞机总数有近2000架。在盟军出动的4万多个飞行任务中，从航空母舰和大甲板两栖舰船上出动的美国海军与海军陆战队飞行架次差不多达到了惊人的1万多架次。

在"自由伊拉克"行动中，实时目标定位与精确打击在数量与强度上都达到了前所未有的程度。在实施敏感目标打击程序中，盟军攻击的目标超过了800个，从目标确定到弹药投放的平均时间为3.5小时，更让人震惊的是大部分海军打击目标指令是在攻击飞机升空后确定的。在伊拉克南部，美海军机载前进的空中管制提供了一天24小时的交通管制服务，在伊拉克北部，则为每天16小时。根据目标性质评估的需求，攻击飞机在卫星制导"联合直接攻击弹药"与激光制导炸弹的使用选择上也达到了前所未有的灵活性。在海军攻击飞机投放的5千多枚炸弹中，只有200多枚属于非制导弹药，而精确弹药中高达75%以上是"联合直接攻击弹药"。在"持久自由"行动中取得良好效果的攻击飞机扫射被沿用到了这次行动中。战争过程中，"杜鲁门"号航空母舰上的舰载机联队就发射了差不多2万发弹药。

在战争密集打击开始前，每艘航空母舰支撑的舰载机平均每天飞行活动时间为16小时，此后逐步下降到13—14小时。在很长一段时间里，航空母舰甲板飞行活动保持着每天24小时不间断进行的状态，重复的近距空中火力支援请求，经常让攻击飞机与加油机的返航时间晚于计划时间。美航空母舰舰载机保持着与"持久自由"行动中一样的原则：只要出现原先没有发现的价值目标，就一定会出动紧急攻击飞行。

同一个国家，同一片战场，对伊作战行动从"沙漠风暴"到"自由伊拉克"，中间间隔差不多12年的时光。在这12年里，美国海军的航空母舰舰载机联队在精确性、杀伤力以及无缝参与联合作战等方面的能力获得了大幅度提高。这种提高在"自由伊拉克"行动中得到了充分验证。与一年前的阿富汗空战相比，航空母舰空中力量在紧急指令下出动的飞机规模与反应速度都有明显提高。

几次局部战争，特别是伊拉克战争再次表明，被誉为"海上巨兽"的航空母舰仍将是美国实施军事威慑和打击任务的主力和核心，美海军11—12艘航空母舰的规模将会继续保持，甚至扩大。可以肯定的是，航空母舰将继续横行海上，并支撑空地作战。航空母舰的天地无限广阔，战场也会无限延伸。

第十二章

世界部分国家的航空母舰发展历程

从第一艘航空母舰——"百眼巨人"号诞生至今,航空母舰已走过百年历史,从商船改造到设计建造,从常规动力到核动力,从巨舰大炮到海上平台,伴随着20世纪的全面战争到21世纪的局部战争,航空母舰始终随着战争不断改进。世界上一些国家也不断通过航空母舰平台来巩固自己的海洋权益,壮大自己的海上力量。

第一节 美国——一家独大

几乎与英国、日本同步,美国也是世界上较早涉足航空母舰探索事业的国家。第一次世界大战末至20世纪20年代初期,英、日两国率先通过改造的形式发展出了自己的第一艘航空母舰,随后,美国用同样的方式——通过商船改造,建造出自己的第一艘航空母舰。

"兰利"号航空母舰

1919年,美国海军在获得国会拨款后,开始着手第一艘航空母舰的改装。在经过精挑细选之后,他们选择了一艘补给舰"木星"号作为改装对象。美国海军的改装同样是在商船舰体上方加装全通式飞行甲板,这种方法既能避免走弯路,又能节约经费,是当时最好的选择。1922年,新改装的航空母舰顺利完工,美国海军为其命名"兰利"号,并授予"CV-1"的编号。"CV"是航空母舰的缩写,全称是Carrier Vessels,直译过来是"运载船舶",后来美国的航空母舰都以这个缩写作为开头命名。如CVA代表攻击型航空母舰,CVL代表轻型航空母舰,CVN代表核动力航空母舰等等。

作为美军第一艘航空母舰,"兰利"号于1924年被编入大西洋舰队。之后随着美国海军"列克星敦"号(CV-2)和"萨拉托加"号(CV-3)航空母舰的加入,"兰利"号被改装为飞机运输舰,于1936年拆除了前40%的飞行甲板,舷号改为AV-3。1942年2月27日,太平洋战事吃紧,"兰利"号在担负输送战斗机和飞行员的任务中,在爪哇海遭到日本飞机攻击,身中5枚炸弹后失去动力,因担心航空母舰落入敌手,美军使用驱逐舰将其击沉。

列克星敦级航空母舰

同"兰利"号一样,列克星敦级航空母舰也是经过改装建成的,不同的是列克星敦级是由战列巡洋舰改建而成,共2艘。原为列克星敦级战列巡洋舰,计划建造6艘,由于《华盛顿海军条约》的严格限制,首舰"列克星敦"号和三号舰"萨拉托加"号被改建为航空母舰,其余4艘被拆解。

"列克星敦"号于1925年下水,1927年服役,标准排水量36000吨,飞行甲板长271米,航速34节,可载机90架。"列克星敦"号同"竞技神"号一样,采用了全通式飞行甲板和封闭式舰首,已具有现代航空母舰的特征。1941年"列克星敦"号驶入夏威夷珍珠港,12月5日,由于该舰奉命向中途岛运送飞机,因而幸运地逃过了12月7日被日本偷袭珍珠港轰炸的厄运。在1942年5月的珊瑚海战中,"列克星敦"号被日军鱼雷击中后,被己方击沉。作为美国海军重型航空母舰的先驱,"列克星敦"号对美国后期航空母舰的技术发展做出了巨大贡献,为了纪念它,美国海军将埃塞克斯级的第八艘航母(CV-16)也命名为"列克星敦"

号。同级舰"萨拉托加"号（CV-3）在战斗中多次负伤，所幸存活到第二次世界大战结束。该舰于1946年7月在比基尼环礁核试验中被美军炸沉。

约克城级航空母舰

约克城级航空母舰共有3艘，分别是"约克城"号（CV-5）、"企业"号（CV-6）和"大黄蜂"号（CV-8）。在太平洋战争初期，约克城级航空母舰发挥了极其重要的作用，其重要性甚至影响了整个战局的进程。3艘航空母舰中只有"企业"号从战争中"存活"下来，"约克城"号和"大黄蜂"号分别在珊瑚海海战和中途岛海战中战损沉没。

埃塞克斯级航空母舰

第二次世界大战开始后，欧洲战场硝烟弥漫，日本在亚洲疯狂掠夺，美国预感到航空母舰在海战中将会发挥愈来愈重要的作用。于是，在富兰克林·罗斯福总统的大力支持下，美国决定1940年建造11艘、1941年建造2艘埃塞克斯级航空母舰，但直到日本偷袭珍珠港时，只有5艘开工建造。珍珠港事件使美国海军彻底从睡梦中惊醒，航空母舰数量的严重不足短期内又不能快速改变，不得不以劣势装备与日本舰队抗衡。到1942年，美国海军在太平洋上一度只剩"企业"号1艘航空母舰。在这种万分危急的情况下，美国决定加速建造航空母舰，计划在之后3年内再建造19艘埃塞克斯级航空母舰。

埃塞克斯级航空母舰原计划建造32艘，最终建成24艘，第二次世界大战期间建成服役17艘，战后服役7艘。标准排水量27100

吨，满载排水量36380吨。舰长266米，舰宽45米。随着时间推移，后续舰相比早期舰有了一定程度上的改进，随着喷气式飞机的上舰，该级航空母舰接受了大规模的现代化改装。

埃塞克斯级航空母舰不仅在第二次世界大战后期发挥着主力作用，而且在冷战时期的很长一段时间也表现出了顽强的生命力，古巴危机、越南战争、入侵巴拿马等军事行动中都有它的参与。直到1991年"列克星敦"号（CV-16）退出现役，埃塞克斯级航空母舰时代才宣告结束。

中途岛级航空母舰

中途岛级航空母舰是第二次世界大战末期美国海军建造的一级大型航空母舰，鉴于航空母舰舰载机在海战中发挥的重要作用，该级航空母舰特意设计增加了载机数量。中途岛级航空母舰原计划建造6艘，实际只建造了3艘，前2艘"中途岛"号（CVB-41）和"富兰克林·D. 罗斯福"号（CVB-42）建成于1945年，第三艘"珊瑚海"号（CVB-43）建成于1947年。该级舰标准排水量45000吨，总长295.2米，载机65—145架，远超过当时最大型的列克星敦级航空母舰。

中途岛级航空母舰虽然是为当时战争设计建造的，但还未服役参战，战争便结束了。但是中途岛级航空母舰并没有"英雄无用武之地"，它曾作为主力舰参加了朝鲜战争、越南战争、中东危机以及海湾战争，直到1992年才退役，是美国海军历史上服役时间最长的航空母舰之一。

第二次世界大战后建造的第一级航空母舰——福莱斯特级

服役于20世纪50年代的福莱斯特级航空母舰,一共建造了4艘,是美国在第二次世界大战后建造的第一级航空母舰,是为装备喷气式战斗机专门设计的。之前的航空母舰舰载机经历过压缩空气弹射、火药弹射、飞轮弹射和液压弹射,而福莱斯特级航空母舰在英国航空母舰先进弹射器研发基础上,首次采用蒸汽弹射器,大大增加了弹射推力和初速度。而且将传统的直通式飞行甲板改为斜角与直通混合布置的飞行甲板,整个航空母舰飞行甲板被分为起飞、待机和降落3个区,可同时进行起飞和着舰作业,从而形成了当今美国航空母舰的基本模式。

福莱斯特级航空母舰共4艘,分别为:"福莱斯特"号(CVA-59)、"萨拉托加"号(CVA-60)、"突击者"号(CVA-61)和"独立"号(CVA-62)。服役时间最长的"独立"号经改装后曾在日本横须贺基地驻泊,成为美国海军第一艘以远东为基地的航空母舰。1998年,最后一艘福莱斯特级航空母舰"独立"号退役,该级航空母舰成为历史。

小鹰级航空母舰

秉承福莱斯特级的优点,改进了上层建筑、武器配置,进一步增加了吨位的小鹰级航空母舰出现。小鹰级共4艘,分别是"小鹰"号(CV-63)、"星座"号(CV-64)、"美国"号(CV-66)和"肯尼迪"号(CV-67),均于20世纪60年代服役,是继福莱斯特级之后美国建造的最后一级也是最大一级常规动力航空母舰。

在舰体结构上,它的舰岛比福莱斯特级小,位置更靠近尾部，全舰整体结构更为合理，机库面积增大。升降机的位置改为前2台后1台，左舷前部1台改为后部1台，大大改善了舰面飞行作业状况，这种布局标准被美国后续航空母舰沿用至今。2009年1月"小鹰"号退役，同年5月被封存；1996年8月"美国"号退役，2005年作为靶舰进行实验被炸沉；2003年8月"星座"号退役，2016年被拆解；2007年3月"肯尼迪"号退役并封存。

世界第一艘核动力航空母舰——"企业"号

"企业"号（CVN-65）航空母舰是世界上第一艘核动力航空母舰，于1958年开工建造，1961年11月加入大西洋舰队服役。"企业"号航空母舰标准排水量75700吨，满载排水量93970吨，舰长342.5米，飞行甲板宽76.88米，载机约90架，由8台A2w型核反应堆为4台汽轮机提供蒸汽，最高航速33节，更换一次核燃料可连续航行20万海里。该舰在服役期间曾历经过多次现代化改造，直至退役时现代化程度仍然很高。

1964年7月至10月，"企业"号航空母舰带领世界上第一支全核动力特混舰队，进行了史无前例的环球航行，途中没有加油和再补给，历时64天，总航程32600海里，充分显示了核动力船舶的巨大续航力。该舰曾参与古巴"导弹危机"的海上封锁行动，以及越南战争、科索沃战争和伊拉克战争。该舰搭载第3舰载航空联队，装备78架各型舰载机。

作为世界上第一艘核动力航空母舰，它的设计和建造对第二代核动力航空母舰尼米兹级产生了巨大影响。2017年2月3日，美国海军在"企业"号（CVN-65）航空母舰的机库为这艘全球第一艘核动力航空母舰举行退役仪式，约400名水手、老兵和舰员家属见证了这一历史事件。这是美军第八艘以"企业"为名的军舰,第九艘被冠以"企业"号名称的核动力航空母舰是美军下一代福特级核动力航空母舰(CVN-80),计划于2027年服役。

尼米兹级航空母舰

福特级航空母舰服役之前,尼米兹级是世界上排水量最大、载机最多、现代化程度最高的航空母舰,也是继"企业"号核动力航空母舰之后,美国第二代核动力航空母舰,该级舰共有10艘,是美国海军现役航空母舰的中坚,美国11艘现役航空母舰中,除"福特"号外,其余10艘均为尼米兹级。

首舰"尼米兹"号(CVN-68)于1975年服役。该级舰长332.9米,宽76.8米,满载排水量9.1万吨,装备4座升降机、4台蒸汽弹射器和4条拦阻索,可以每20秒弹射出1架舰载机。舰体和甲板采用高强度钢,可抵御半穿甲弹的攻击,弹药库和机舱装有63.5毫米厚的"凯夫拉"装甲,舰内设有23道水密横舱壁和10道防火隔壁,消防、损管和抗冲击等防护措施完备,能够承受3倍于埃塞克斯级航空母舰受到的打击。它能够进行远洋作战,夺取制空和制海权,攻击敌海上或陆上目标,支援登陆作战及反潜等。该级航空母舰还有"艾森豪威尔"号(CVN-69)、"卡尔·文森"号(CVN-70)、"西奥多·罗斯福"号(CVN-71)、"林肯"号(CVN-72)、"华盛顿"号(CVN-73)、"斯坦尼斯"号(CVN-74)、"杜鲁门"号(CVN-75)、"里根"号(CVN-76)以及"布什"号(CVN-77)。

第十艘尼米兹级航空母舰"布什"号(CVN-77)于2003年铺设龙骨,2009年加入美海军服役。它也是美国海军最后一艘尼米兹级核动力航空母舰。

福特级航空母舰

继尼米兹级航空母舰之后，美国海军又推出了福特级航空母舰，全称为杰拉尔德·R.福特级航空母舰。该级航空母舰各项性能相比尼米兹级，有了大幅度的提升，包括前所未有的电磁弹射以及F35C第五代隐形舰载机和双波段雷达等功能，这一系列先进的技术让福特级在未来相当长的时间内，都能在全世界范围内处于领先地位，现已命名3艘，分别为"福特"号（CVN-78）、"肯尼迪"号（CVN-79）和"企业"号（CVN-80），"福特"号已于2017年7月交付美国海军服役，"肯尼迪"号于2019年10月下水。

福特级首舰"福特"号其满载排水量101600吨，长337米，宽77米，最多可容纳4660人，至少75架舰载机。采用了大量全新技术，如综合电力推进系统、电磁弹射系统，2座A/B新型核反应堆，可输出200兆瓦的功率，比尼米兹级动力系统高出1/4，供电能力也提高了3倍，很好地满足了电磁弹射系统、双波段雷达以及未来安装的电磁炮、激光武器等装备的电力需求。可搭载F35C、MQ-25黄貂鱼无人机等舰载机。

截至目前，美国依然是世界上拥有航空母舰最多的国家，也是掌握航空母舰技术最全面、最成熟的国家，是当之无愧的航空母舰大哥大。

第二节 英国——缓缓"落日"

自17世纪末到第二次世界大战前期,英国皇家海军一直占据世界海军的霸主地位,帮助英国远渡重洋,占领了大片的殖民地,使得英国成为18、19世纪军事、经济最为强盛的国家。在第一次世界大战还未结束时,英国便开始着手改造商船,发展航空母舰,成为世界上最早建造航空母舰的国家,为当时海上装备发展提供了新的思路,也成为对世界航空母舰贡献最大的国家。

敢为人先的早期航空母舰

1914年8月第一次世界大战爆发,为了保护英国不受海上侵袭,英国海军将三艘商船改为水上飞机母舰,主要用来停放攻击德国飞艇的战斗机。1917年3月,英国海军开始着手将勇敢级战列巡洋舰"暴怒"号改装成航空母舰,主要是拆除舰上的前主炮,将其所在位置的甲板改造成近70米长的跑道,其下建一个机库。经过前后几次改装,"暴怒"号最终成为全通式飞行甲板的航空母舰。改装后,"暴怒"号又遇到新的问题,虽然舰载机可以正常起飞,但位于前后甲板之间的舰桥,成为飞行的最大障碍,十分危险,只有极少数特别优秀的飞行员能完成离舰和返舰。为解决这一问题，英国海军又决心对航空母舰的结构进行重大修改，将一艘客轮改造成了世界上第一艘拥有全通式飞行甲板的航空母舰——"百眼巨人"号诞生了。"百眼巨人"号已经具备了现代航空母舰的基本形态和特征，是世界上第一艘真正意义上的航空母舰。

1917年4月，一战还未结束，英国针对之前改装航空母舰的不足，决定专门设计一艘航空母舰以适应舰载机的需要，这艘航空母舰于1923年建成，被命名为"竞技神"号，全通式甲板、封闭式舰首以及位于右舷的岛式上层建筑，助其坐上"首艘设计的现代型航空母舰"的宝座，该舰于1942年4月9日在锡兰（今斯里兰卡）外海被日军击沉。

"皇家方舟"号航空母舰

历史上，共有3艘英国航空母舰沿用"皇家方舟"号的舰名。第一艘是1937年建造的，在当时最为先进，也为英国后续建造航空母舰提供了参考。"皇家方舟"号"一生"身经百战，在二战中为英国海军立下了汗马功劳。1941年5月，德国"俾斯麦"号战列舰在击沉英海军"胡德"号巡洋舰后向法国海岸驶去，"皇家方舟"号在不断追击中利用鱼雷轰炸机打坏其螺旋桨推进器，使得"俾斯麦"号大量进水，失去航向能力，无法逃脱，为英国舰队最后击沉"俾斯麦"号争取了时间。1941年11月13日，"皇家方舟"号在执行运输飞机任务后，被德军潜艇U-81发射的一枚鱼雷命中沉没，结束了其伟大壮丽的"一生"。

光辉级航空母舰

光辉级航空母舰相对美、日航空母舰,虽然吨位比较小,但是为了尽可能抵御轰炸机的威胁,飞行甲板和机库都设置了装甲防护。光辉级航空母舰共建有4艘:其中"光辉"号在1940年曾参加空袭,重创意大利舰队,1941年在马耳他海域同德海军作战,1945年参加进攻日本作战等。"可畏"号参加了1941年的马塔潘角海战和克里特岛战役,功勋卓著。"胜利"号参加了围剿德国"俾斯麦"号战列舰的战斗。这3艘航空母舰都参加了1945年皇家海军太平洋舰队对日战斗。"不屈"号先期在地中海服役,1943年7月被鱼雷击中,舰体损坏严重无法作战,在美国修好后在太平洋服役。截至20世纪60年代末,光辉级航空母舰均被拆除。

巨人级(威严级)航空母舰

巨人级航空母舰是一级轻型航空母舰,先期因战争需要大量建造,性能介于舰队航空母舰和护航航空母舰之间,满载排水量18300吨,长211.8米,宽24.4米。该级航空母舰由于其大多数的建造时间接近战争结束,因此没有在第二次世界大战中发挥作用。1944年至2001年间,巨人级航空母舰先后被八国海军使用。

巨人级航空母舰先期计划从1942开始建造16艘,但只有10艘按原计划完成,且10艘航空母舰中只有首批建造完成的4艘投入到了远东战场,但没有参加过一线战斗;未完成的另外6艘因为需要适应载重量更大的飞机,进行了改装,称为尊严级或威严级。

鹰级航空母舰

鹰级航空母舰原计划建造4艘，但实际上只完成2艘。

"鹰"号是一号舰，其同型舰为"皇家方舟"号。"鹰"号原名"鲁莽"号，于1942年开工建造，1946年，为了纪念1942年在马耳他附近海域战损的前一代同名航空母舰，更名为"鹰"号。

"皇家方舟"号航空母舰于1943年开工，原名"大无畏"号，由于建造时，被派去地中海的"皇家方舟"号航空母舰被德国潜艇击沉，因此更名，成为第二艘"皇家方舟"号航空母舰。与"鹰"号航空母舰一样，该舰的建造工程也因第二次世界大战结束而一度停顿，直到12年后的1955年才完工服役。先后经过4次现代化改造，加装了飞机弹射器和斜角甲板，该舰于1978年退役。

半人马座级航空母舰

半人马座级航空母舰是一级轻型航空母舰，为巨人级航空母舰的改进型。该级舰原拟建造8艘，前4艘在1944—1945年相继开工，第二次世界大战结束后，后4艘的建造计划被取消。已开工建造的4艘航空母舰中，"半人马座"号、"阿尔比翁"号和"堡垒"号在1954年前后相继完工，并全部安装了蒸汽弹射器和新型着舰系统，同时拆除火炮以腾出更多的飞行甲板。与其他3艘不同，另外一艘"竞技神"号航空母舰在第二次世界大战结束时只完成少量工作。此后的建造过程中，为了搭载喷气式飞机，在船头加装两部蒸汽弹射器，在船身左边加装6度斜角甲板。在1980年至1981年的改装工程中，"竞技神"号加装了滑跃起飞甲板，可起降"海鹞"战斗机。1985年该舰被卖给印度并改名为"维拉特"号航空母舰。

无敌级航空母舰

无敌级航空母舰是由英国皇家海军开发的一级轻型航空母舰，也是世界上最先采用滑跃式飞行甲板的航空母舰。该级舰标准排水量19500吨，满载排水量20600吨，舰长209.1米，宽36米。同系列航母共生产3艘，"无敌"号于2005年7月退为预备役，2010年，在减少开支计划下被退役拆解。"皇家方舟"号也在减支风暴下于2011年退役，最后出售给土耳其拆除，"卓越"号于2014年8月正式退役。

伊丽莎白女王级航空母舰

伊丽莎白女王级航空母舰为英国皇家海军最新型的航空母舰，共2艘。一号舰"伊丽莎白女王"号于2014年7月下水，2016年服役；二号舰"威尔士亲王"号于2011年5月铺设龙骨，经过6年的建造，在2018年3月下水，2019年12月正式服役，英国海军从此回归了"双航母俱乐部"。该舰标准排水量65000吨，几乎比无敌级航空母舰大三倍，最大航速27节，18节航速时续航力可达10000海里。这是皇家海军有史以来建造的最大船舰，首次采用了燃气轮机和全电驱动，也是除美国航空母舰之外世界上最强的航空母舰。

第三节　日本——旧梦难圆

早在第二次世界大战爆发前，日本就已自主研发并建造了当时世界上最先进的航空母舰及舰载机，截至第二次世界大战结束，又不断建造了大中小型配套、攻击与护航兼顾的各类航空母舰共29艘（其中有4艘第二次世界大战结束时已下水但未完工），组成了号称世界最强的帝国海军联合舰队。第二次世界大战初期，日本海军几乎横扫大半个太平洋，曾经让强盛的美国海军心惊胆战。

首型设计建造航空母舰——"凤翔"号

1919年，日本嗅出航空母舰在海战中将发挥更大作用的风向，开始专门设计建造航空母舰。1922年，日本第一艘航空母舰在横须贺海军基地船厂建成，被命名为"凤翔"号，比英国当时正在建造的"竞技神"号航空母舰提前半年竣工。"凤翔"号飞行甲板为全通式，岛式上层建筑设在飞行甲板右舷。这种布局成为后世航空母舰的基本形式。20世纪30年代后，"凤翔"号曾数次参加日本侵略中国的战争，后因为舰体太小，标准排水量只有7000多吨，载机过少，被日本海军改为飞行学校的训练舰，战后被拆解。

条约约束下的航空母舰

1922年，美、英、日、法、意五国签署《华盛顿海军条约》后，日本海军决定将原有2艘在建的"赤城"号和"天城"号战列舰改造成条约允许的航空母舰。成功改造后的"赤城"号标准排水量为41300吨，成为当时世界上最大的航空母舰。

由于关东大地震，原计划改造的"天城"号战列舰船体遭受严重破坏，日本海军转而对舰体稍小的"加贺"号战列舰进行改装。1929年，日本利用《华盛顿海军条约》对1万吨以下舰艇未做限制的漏洞，在横滨三菱造船厂动工建造"龙骧"号航空母舰，它的设计排水量只有9800吨，但是为了多载飞机，设置了双层机库，竣工时它的标准排水量远远超过原设计，测试排水量12732吨，航速29节，续航力10000海里，搭载飞机48架，载员924人。在东所罗门群岛海战时，"龙骧"号遭到美军航空母舰舰载机的攻击而沉没。

军国主义野心膨胀下改建造的系列航空母舰

1930年4月22日，《华盛顿海军条约》的缔约国在伦敦签署新的条约，《伦敦海军条约》保留了旧条约中的主要条款，但进一步放宽了对航空母舰的限制。1932年日本获准建造2艘标准排水量15900吨的航空母舰。第一艘"苍龙"号于1934年11月动工，第二艘"飞龙"号于1936年7月开工。

早在缔结《华盛顿海军条约》时，日本就对自己处处受制于人的境况感到不满，加上扩张的野心作祟，到1936年12月31日《华盛顿海军条约》和《伦敦海军条约》期满后，日本不再续签，放开手脚对"飞龙"号的设计做了较大改动，排水量增大1400吨，达到17000吨以上，相比前两艘专门设计的"凤翔"号和"龙骧"号航空母舰的体量，"飞龙"号排水量增加了一倍多，航速也有较大幅度提高，达到34.5节。直通式飞行甲板上设有3台升降机，以便提升飞机的起降效率。

"飞龙"号与"苍龙"号相比，主要不同点是排水量增大，从尺度上看舰宽只增大了差不多1米，却使"飞龙"号的贮油量增加20%，从而提高作战半径4580海里。在1942年的中途岛海战中，"苍龙"号与"飞龙"号被美国航空母舰轰炸机击中，一沉一伤，搜救无望后日本用自己的驱逐舰将"飞龙"号击沉。

单方面退出海军条约后，日本海军无所顾忌，随心所欲发展航空母舰，大幅度扩充海军航空兵，实施扩张政策。翔鹤级航空母舰正是在这种背景下诞生的。翔鹤级航空母舰标准排水量为25675吨，全长257.5米，飞行甲板全长242.2米，宽为29.0米，载员满编为1660人。翔鹤级航空母舰有2艘，分别为"翔鹤"号和"瑞鹤"号，在太平洋战争全面爆发前的1941年8月和9月先后完工，在1944年的马里亚纳海战和莱特湾海战中相继沉没。

太平洋战争开始前5个月，日本海军制订了更为疯狂的航空母舰建造计划，开始建造的"大凤"号航空母舰，它是翔鹤级的扩大和改进型。标准排水量为29300吨，封闭式舰首，烟囱布置与"隼鹰"号相同，该舰采用装甲飞行甲板，载机可达75架。它是日本第一艘具备现代航空母舰典型特征的航空母舰，也是日本专门设计的最大航空母舰。

太平洋战争爆发不久，由于对航空母舰的需求急剧上升，日本相继将邮船"沙恩霍斯特"号和"阿根廷丸"号改装成航空母舰，分别命名为"神鹰"号和"海鹰"号。在太平洋战争爆发后的4年多时间里，日本总共改装了10艘航空母舰。为了弥补珊瑚海海战、中途岛海战之后出现的航空母舰力量不足，日本海军又将原水上飞机母舰"千岁"号和"千代田"号改装成通用航空母舰。为了满足战争的需要，日本继续设计建造新的航空母舰，将"飞龙"号简化设计，称之为云龙级，计划建造15艘。但是由于力不从心，云龙级航空母舰终究未完成预期任务，只建成"云龙"号、"天城"号和"葛城"号3艘，另有3艘只完成工程量的60%—80%。

史上最短命的王牌巨舰——"信浓"号

由于在中途岛海战中损失惨重，日本海军决定将正在建造的大和级战列舰的第三艘"信浓"号改建为航空母舰。"信浓"号的标准排水量为62000吨，是日本最大的航空母舰，也是当时的世界之最，这一纪录保持了多年，直到美国"福莱斯特"号航空母舰下水才被打破。"信浓"号装甲防护强，飞行甲板达到75毫米厚，又覆盖了200毫米厚的钢筋水泥层，但仍然挽救不了其悲催的命运。1944年11月28日，"信浓"号在3艘驱逐舰护航下首次出航，抵达东京港以南100海里处时，被凑巧在该海域游弋的美国潜艇"射水鱼"号发现，"射水鱼"号抓住战机发射鱼雷，命中了"信浓"号。次日上午，这艘被日本视为王牌的巨舰葬身大海，成为近代海军史上最短命的航空母舰，"信浓"号的沉没也预示着日本帝国的末日已近。

从"凤翔"号航空母舰开始，到第二次世界大战结束，日本专门设计建造10艘航空母舰，改建、改装15艘，共25艘服役。先后有19艘被美军击沉。从开始的几千吨，到后来的近3万吨，改建的达到6万多吨；建造批量也从原先的每级1—2艘，扩大到一个级别计划建造15艘。经过不断的改进，日本航空母舰的设计和建造技术日臻完善。它们当中有性能一流的主力航空母舰，也有担任护航和其他使命的轻型航空母舰。唯一一艘未受损伤的"凤翔"号航空母舰，也许是因为它在世界航空母舰的发展史上有过重要的一页，在太平洋战争中编为训练航空母舰，才免遭炮火袭击。日本无条件投降后，该舰于1947年解体。

由于日本军国主义的倒行逆施，战败后，日本被限制发展武装力量。现实是日本早已违反其《和平宪法》的规定，军队和装备数质量明显增强，但它无论怎样发展，海上力量如何增强，仍难有昨日的狂妄与自大。

第四节　法国——苦苦支撑

法国曾经是海上强国，强盛时仅次于大英帝国皇家海军。第二次世界大战爆发前夕，法国海军是世界第四大海军，仅次于英国、美国和日本海军。作为海上强国，法国人对航空母舰的渴望从未停止过。

首型改装航空母舰——"贝亚恩"号

在20世纪20年代，看到其他海军强国都在发展航空母舰，法国海军也奋起直追，将诺曼底级5号舰"贝亚恩"号战列舰改装成航空母舰。"贝亚恩"号飞行甲板在朝向船头的方向上，设置一座伸缩式海图室。法国海军原计划让"贝亚恩"号运行一段时间，待吸取经验充分论证之后，准备于30年代后期正式建造航空母舰。但因当时法国的假想敌德国正受到《凡尔赛和约》的限制，意大利也因其地理位置而无建造航空母舰的意愿，又受到《华盛顿海军条约》的约束，加之自身的财政困难，法国军方放弃了航空母舰的建造计划。至1939年前，法国海军的航空母舰仍只有"贝亚恩"号1艘，该舰在多年运行中被发现许多瑕疵。为了弥补"贝亚恩"号的不足，法国海军建造了"特斯特司令官"

号水上飞机母舰来支援该舰，也算是对无法建造正规航空母舰的一种补救。

半途而废的航空母舰——霞飞级

1935年，当英国与德国签订《英德海军协定》，打破德国海军发展限制后，法国海军开始重新考虑航空母舰建造计划。特别是得知德国海军开始建造齐柏林伯爵级航空母舰后，法国便决定建造2艘霞飞级航空母舰进行反制，但受限于当时法国国内大型船坞的数量，首舰"霞飞"号延后至1938年才开工。

霞飞级航空母舰设计融合了"贝亚恩"号航空母舰与"特斯特司令官"号水上飞机母舰的特点，全长236米，宽35米，标准排水量为18288吨，满载排水量为20320吨，最高航速33.5节。该舰与"贝亚恩"号相似，上层建筑包括舰桥与烟囱，皆集中在右舷，但这一设计容易造成飞行甲板上的空气乱流，影响飞机起降作业。该级舰可容纳40架左右舰载战斗机，舰尾另设有起重机，随时可起降水上飞机。

首舰"霞飞"号于1938年11月26日在圣纳泽尔开工建造，然而因第二年第二次世界大战爆发，迫使造舰进度迟滞。1940年6月，法国战败投降，圣纳泽尔被德军占领，"霞飞"号建造计划遂被取消，建造工程完全停摆。维希法国建立后，弗朗索瓦·达尔朗海军上将多次建议，将这艘仅建造了三分之一的航空母舰继续建成，但由于德国海军在国内建造的齐柏林伯爵级航空母舰迟迟没有完工，因而维希政府对建造"霞飞"号不感兴趣。1942年，达尔朗于北非倒戈到同盟国后，德国海军接收了"霞飞"号的船体，并将其拆毁。

霞飞级二号舰"潘勒韦"号原计划于1940年同样在圣纳泽尔彭霍特船坞与造船厂建造，但法国海军为了建造阿尔萨斯级战列舰，将"潘勒韦"号的建造工程向后推迟，结果后来法国本土被德军占领，"潘勒韦"号的建造计划随之取消。

克莱蒙梭级航空母舰

20世纪50年代，法国海军为了淘汰旧航空母舰，开始设计建造克莱蒙梭级航空母舰。该级航空母舰融合了法国在第二次世界大战初期在航空母舰操作上获得的不少宝贵经验。其大小相当于第二次世界大战时美国海军的埃塞克斯级航空母舰。克莱蒙梭级舰共建造了2艘，首舰"克莱蒙梭"号和二号舰"福熙"号，两舰分别在1961年和1963年服役，之后均以地中海的土伦作为母港。

克莱蒙梭级航空母舰参战经历不多，仅参与过海湾战争和科索沃战争，且都不是主力航空母舰。克莱蒙梭级2艘航空母舰在建成后，均进行了两次大规模的现代化改装，对各种设备进行了检测和维修，加装了各类现代化电子系统。1997年7月，"克莱蒙梭"航空母舰完成使命退役。"福熙"号航空母舰在2000年出售给巴西海军，被改称为"圣保罗"号。

"戴高乐"号航空母舰

由于"克莱蒙梭"号和"福熙"号建造年代较早，各项技术跟不上科技发展，法国于20世纪70年代中期开始规划建造新一代航空母舰，也是法国第一艘核动力航空母舰。命名之初，为了继承和纪念第二次世界大战时的战列舰"黎塞留"号，时任法国总统密特朗依照法国海军旗舰命名的传统，将新一代航空母舰命名为"黎塞留"号,后经多次变更,最终被命名为"戴高乐"号。

由于经济不景气,国家财政困难,原定于1996年服役的"戴高乐"号被拖后至1999年。在建造过程中又陆续发现两大问题,一是沿用核潜艇的反应堆输出动力不足,二是斜向飞行甲板长度不足,无法安全起降"鹰眼"预警机。于是在2000年时又延长改造了甲板,这使得"戴高乐"号正式启用的日程一延再延,2001年5月"戴高乐"号终于正式服役。服役后的"戴高乐"号曾参与2001年的"持久自由"行动打击阿富汗塔利班、2015年的空袭伊斯兰国大本营、2016年空袭叙利亚等军事行动。

"戴高乐"号航空母舰在设计之初就考虑到隐身性能,35000吨级的标准排水量比英国航空母舰大,但远不及美国航空母舰10万吨的体量。由于吨位小,"戴高乐"号航空母舰只配备了两部弹射器(美军航空母舰通常为四部),舰载机数量也只有美国航空母舰的一半,约为40架,主要包括"阵风"式战斗机、"超级军旗"攻击机两款法制战机和"鹰眼"预警机。虽然"戴高乐"号舰载机数量较少,但其配备有先进的电子设备,搭配有"紫菀"15型防空导弹与萨德拉尔轻型舰空导弹系统,整体作战能力远远超过此前法国拥有过的所有航空母舰。

法国海军向来采取同时拥有2艘航空母舰的编制,以确保无论何时,即使其中一艘进厂维修,仍有一艘可以海上值勤。因此,除了目前拥有的"戴高乐"号外,法国海军仍然需要再建一艘航空母舰,才能完成理想的编制。然而,由于"戴高乐"号的建造周期长,造价昂贵,加之政府的财政预算紧缩,法国一系列的航空母舰建造计划被再三搁浅,目前"戴高乐"号只能继续独自支撑法国海军。

第五节 俄罗斯——雄风不再

俄罗斯发展航空母舰的道路可谓跌宕起伏，前后建造了4代，共9艘航空母舰。

莫斯科级航空母舰

苏联将莫斯科级航空母舰称为直升机巡洋舰，主要用来对付美国出现的北极星弹道导弹核潜艇，舰载机为直升机，所以不能称为完全意义上的航空母舰。该舰采用法国和意大利首先开创的混合式舰型，前半部为典型的巡洋舰布置，后半部则为宽敞的直升机飞行甲板。莫斯科级航空母舰共建有2艘，分别为首舰"莫斯科"号和二号舰"列宁格勒"号，部署于黑海舰队。"莫斯科"号于1967年服役，1995年退役。"列宁格勒"号于1969年服役，1991年退役。

基辅级垂直起降航空母舰

基辅级航空母舰共建造了4艘。首舰"基辅"号航空母舰于1970年建造，一度是苏联海军的象征，苏联解体后于1993年提前退役，2000年作为废金属拍卖给中国的一家公司，后被改装为天津滨海航空母舰主题公园。

"明斯克"号航空母舰于1972年开工，1975年下水，1978年完工，1995年作为废旧钢铁卖给韩国，1998年又被中国一家公司购得，现落户于深圳航空母舰世界军事主题公园。

"诺沃·罗西斯克"号于1974年建造，1997年在韩国拆解。

"巴库"号（后改为"戈尔什科夫"号）于1987年服役，2004年卖给印度，改装为滑跃式甲板，搭载米格-29K舰载机，后被印度改名为"维克拉玛蒂亚"号。

库兹涅佐夫级航空母舰

该级航空母舰共建造了2艘，分别为"库兹涅佐夫海军元帅"号和"瓦良格"号。

"库兹涅佐夫海军元帅"号航空母舰由于苏联末期剧烈变化的政治风云，舰名经过了多次更改。该舰于1983年开工，最初命名为"苏联"号，后由于航空母舰方案修正，相继更名为"勃列日涅夫"号和"第比利斯"号，1990年10月4日，为纪念库兹涅佐夫元帅，该舰才最终更名为"库兹涅佐夫海军元帅"号并沿用至今。

在经过"莫斯科"和"基辅"两代"准航空母舰"之后，为了拥有大型航空母舰，苏联动用了36个工业部门、800多个行业的专家和7000多个工厂，参与研制和建造库兹涅佐夫级航空母舰。从1983年开工建造到1991年服役，仅用8年时间就圆了苏联几代人的梦想。毫无疑问，"库兹涅佐夫海军元帅"号航空母舰是苏联航空母舰发展史上的巅峰之作，它继承了莫斯科级和基辅级航空母舰的技术特征，同时也吸纳了美国重型航空母舰的一些技术特长。它的服役使世界海军中首次出现了滑跃起飞、拦阻降落这一新的起降方式。从这个意义上讲，该航空母舰实现了众多技术上的飞跃，是苏联人独立自主、自力更生，研制具有苏联特点和技术特长航空母舰的一个成功范例。

"瓦良格"号于1985年12月开工，1988年11月下水，但是当这艘航空母舰在乌克兰尼古拉耶夫黑海造船厂建造到70%—80%时，苏联就解体了，其船体几经周转到达中国，并被重新建造，成为中国海军的首艘航空母舰"辽宁"号。

时运不济的第四代核动力航空母舰——"乌里扬诺夫斯克"号

1988年11月，苏联开工建造第四代重型核动力航空母舰"乌里扬诺夫斯克"号。该艘航空母舰设计参数：标准排水量85000吨，满载排水量94500吨，舰长331.9米，型宽39.6米，甲板宽75.6米。舰首仍采用滑跃起飞甲板，设有两台飞机弹射器；动力装置为4座核反应堆，4台蒸汽轮机，最大航速30节。一旦建成，它将是当时世界上唯一能够与美国尼米兹级航空母舰相抗衡的航空母舰。但时运不济，1991年11月，船体部分刚刚建造完毕。12月，苏联就解体了，建造工作被迫中止，由乌克兰继承该舰，而以乌克兰的经济实力，根本无法继续建造，因此，"乌里扬诺夫斯克"号最终被以废旧钢铁出售的形式结束了自己的命运。

第六节 意大利、印度等国家航空母舰概况

第二次世界大战时期因为战争需要,航空母舰一度成为海上的主力舰,带领其他舰船进行海上作战或参与护航任务。直至现在,航空母舰仍然是无可替代的超级战舰,不仅大国需要,海岸线较长、需要维护海洋权益的小国也同样需要,但由于航空母舰建造、维护成本高,个别国家不堪重负,有的勉强维持,有的面临替换和退役。

意大利现役航空母舰

意大利现役航空母舰有2艘——"加里波第"号和"加富尔"号。

"加里波第"号航空母舰是一艘轻型航空母舰,建造于1981年,1987年正式服役。标准排水量10100吨,满载排水量13370吨,舰长180.2米,宽33.4米,最大航速30节。"加里波第"号可载"海王"反潜直升机16架,飞行甲板可供6架直升机同时起降,舰上的飞机升降机平台满足搭载"鹞"式垂直起降飞机的要求。

"加富尔"号航空母舰,来源于意大利海军从1996年11月开

始执行的"168号"计划，拟建造一艘新一代轻型短距起降的航空母舰，它被视为意大利21世纪的第一艘航空母舰。"加富尔"号于2001年开工建造，2004年7月在热那亚下水。相较于第一艘航空母舰"加里波第"号，"加富尔"号的尺寸明显增大，排水量是"加里波第"的2倍多——27000吨，舰长235.6米。装备相控阵雷达和垂直发射系统，采用滑跃起飞和垂直降落的方式，可以起降"鹞"式战斗机和F-35战斗机，并具备一定的两栖突击作战能力。

"加富尔"号配合地平线级驱逐舰和欧洲多任务护卫舰，组成了颇具欧洲特色的海上远洋舰队，是意大利海军的核心和主力。该舰最显著的特征是作战灵活性能多样，既可以执行航空母舰的所有功能，也可以运输各式军用或民用车辆，还可以运载4艘LCVP大型人员登陆艇，在船尾和舷侧有两个60吨滚装的跳板，可以进行快速装卸。该舰有着非同一般的两栖作战能力，甚至可以成为欧洲联盟军事行动中关键任务的突击队。

印度航空母舰概况

印度历史上共有3艘航空母舰，第一艘"维克兰特"号航空母舰，1957年从英国购买，原为第二次世界大战期间英国建造的"大力神"号，该舰是战后亚洲第一艘航空母舰，于1997年因老旧退役。现在服役的航空母舰有2艘，其中1艘是1986年从英国购买的半人马座级"竞技神"号，在进行改装和大修后，于1987年服役，命名为"维拉特"号航空母舰，同时购进的还有12架"海鹞"式垂直起降战斗机。另1艘是1998年从俄罗斯购买的"戈尔什科夫"号航空母舰，2013年在改装完成后服役，印度将其更名为"维克拉玛蒂亚"号。

"维拉特"号航空母舰标准排水量23900吨，满载排水量28700吨；舰长226.9米，最大功率7.6万马力，最大航速28节。该舰在印度海军服役期间，进行了4次大的整修和1次小的翻新及改造。经过多次改装后的"维拉特"号，以反潜、制空和指挥功能为主。它的前部设有宽49米的直通型飞行甲板，有12°的滑跃角，上升的斜坡长度为46米，便于舰载机在较短的距离内滑跃升空。

虽然俄罗斯将"戈尔什科夫"号航空母舰免费送给印度，但俄罗斯要求印度必须出资由俄方进行现代化改造，并且要参与米格-29K舰载机的改进项目。最终，印度同意达成协议。但是在施工过程中，俄罗斯一拖再拖，借口工程难度大、人工费用上涨和美元贬值等原因接二连三地涨价，印度无奈，最终以高额的翻修改装费完成了对"维克拉玛蒂亚"号的改造。

吸取了在购买俄罗斯航空母舰过程中的教训，印度深刻意识到不建造自己的航空母舰始终受制于人。于是在经过反复论证后，2006年，印度决定独立建造自己的航空母舰——第二代"维克兰特"号航空母舰。2009年印度第一艘国产航空母舰在科钦造船厂开工建造。印度海军曾高调宣称该舰将在2010年下水，2013年服役，但是自2011年以来，其间一波三折，历经4次下水，直到2022年7月底，该舰才交付印度海军。印度海军再次高调宣布该舰将于2022年8月15日印度独立日服役，但因埋首、纵倾和各种电子设备安装等问题均未解决，具体服役时间不得不又一次推后。看来，印度海军的雄心壮志的确需要跨越眼高手低的巨大鸿沟。

西班牙航空母舰概况

　　西班牙是老牌航海大国，海岸线长达3000多千米，因此海洋的重要性对于西班牙来说不言而喻。为了有效防卫与监视从直布罗陀海峡到加纳利群岛之间的海运线，西班牙一直以来都十分注重海军建设。20世纪60年代，西班牙向美国租借了"卡伯特"号航空母舰，作为反潜直升机母舰，1967年该舰加入西班牙海军服役，被命名为"迷宫"号。"迷宫"号航空母舰开始仅搭载美制SH-3海王反潜直升机，1976年开始，西班牙分两批从英国购入11架AV-8S战斗机，"迷宫"号装备了4—6架，这就使"迷宫"号搭载直升机的同时也搭载了舰载战斗机，综合作战能力大幅提升。该舰在1989年8月因服役时间太长、设备设施陈旧而功成身退。

　　20世纪70年代，西班牙海军开始自行设计建造一种以反潜为主要任务的轻型短距起降航空母舰，"阿斯图里亚斯亲王"号应运而生。这艘航空母舰于1979年开工，1988年5月交付西班牙海军服役。"阿斯图里亚斯亲王"号满载排水量17188吨，长195.9米，宽24.3米，最大航速26节，续航里程6500海里。为了提高载机数量，西班牙海军设计了同型舰无法比拟的大型机库——面积达2300平方米，这一机库面积接近法国3.2万吨级的"克莱蒙梭"号。载机总数达37架。相比之下，满载排水量达20600吨的英国皇家海军"无敌"号，载机能力仅为21架，满载排水量13370吨的"加里波第"号，标准载机能力为8架AV-8B战斗机和8架"海王"反潜直升机。

　　2008年全球金融海啸重创欧洲经济，西班牙军费裁减高达25%。由于经费拮据，加上"阿斯图里亚斯亲王"号舰龄日高，操作与维修成本昂贵，2013年春，西班牙为"阿斯图里亚斯亲王"号举行了隆重的退役典礼。

泰国现役航空母舰

泰国现有的唯一一艘航空母舰为1997年8月从西班牙购买的"差克里·纳吕贝特"号。1992年3月，泰国皇家海军以总价2.85亿美元与西班牙巴赞造船公司签约，订购了一艘能载直升机和"鹞"式垂直起降飞机的轻型航空母舰。经过不到4年时间，新建航空母舰于1996年1月下水，仪式上，该轻型航空母舰被命名为"差克里·纳吕贝特"号，同时还公布了此舰的舷号为911。1997年3月，西班牙正式将这艘航空母舰交给泰国海军，1998年投入使用。

"差克里·纳吕贝特"号航空母舰，满载排水量仅为11485吨，是当今世界上排水量最小的航空母舰，但其装载飞机的数量并不少，有15架，所以，该舰虽然吨位缩小，但是单位排水量的载机率还是相对提高了。从外形上看，该舰更显美观和洒脱，首柱前倾度增加，岛式上层建筑有所延长，柱状桅紧靠烟囱，使舰貌增加了现代化色彩。

"差克里·纳吕贝特"号的建成，使泰国海军在东南亚地区的地位骤然提高，成为该地区最强大的一支海上力量。但由于经济原因，泰国仅向西班牙购得7架单座AV-8S垂直短距起降飞机，和2架双座TAV-8S教练机，另外向美国购买了6架S-70B"海鹰"直升机。由于经费不足，无法展开正常训练，有时连维修和保养的经费也没有。泰国军方直接把"差克里·纳吕贝特"号变成了爱国主义教育基地，每天都有上千泰国游客到访梭桃邑军港。这一现状，使该航空母舰成为当今世界接待游客数量最多、拍照最多的一艘现役航空母舰。

巴西——退出舞台

巴西最早拥有的航空母舰为"米纳斯吉拉斯"号，1960年编入巴西海军开始服役，这是一艘曾在英国和澳大利亚海军服役的"三手"老航空母舰，是第二次世界大战期间英国建造的巨人级航空母舰中的一艘，在英国皇家海军时名为"复仇"号。"米纳斯吉拉斯"号于2001年被宣布退役，在巴西海军共服役41年，也算劳苦功高了。

2000年，巴西从法国购买了一艘退役的航空母舰——克莱蒙梭级二号舰"福熙"号，用来接替"米纳斯吉拉斯"号，并将"福熙"号更名为"圣保罗"号，成为巴西海军一艘中型航空母舰。

"圣保罗"号于1963年起服役，曾参加多场地区战争，包括干涉黎巴嫩内战、轰炸南斯拉夫联盟等。在2004年和2012年发生火灾，经过了两次修理和设施更新，最后一次通过可行性研究后，巴西海军发现若要对"圣保罗"号进行改造，不仅需要大约10年时间，还面临技术和成本上的风险。所以，2017年2月14日，巴西海军宣布放弃对"圣保罗"号航空母舰的现代化改造计划。2018年11月退役。2019年9月，巴西海军宣布把"圣保罗"号拍卖，至此"圣保罗"号完成了在巴西海军服役的使命。

主要参考书籍

[1] [日]儿岛襄.太平洋战争[M].彤彤,译.北京:东方出版社,2016:440页.

[2] 兵人.航母大决战:中途岛海战[M].哈尔滨:哈尔滨出版社,2016.01:74-76页,78-79页,96-98页,99-100页,102页.

[3] 李杰,彦敏.航空母舰的起源及其发展[J].军事世界画刊,2007(3).

[4] 相天.近距离透视航空母舰[M].北京:金城出版社,2011.

[5] 李杰.航母不倒[N].中国国防报,2007-07-03.

[6] 兵人.日沉孤岛:瓜岛战役[M].哈尔滨:哈尔滨出版社,2016:136-137页.

[7] [英]戴维·乔丹,安德鲁·威斯特著.地图上的第二次世界大战（下）[M].穆强,金存惠,译.北京:中国市场出版社,2015:158页.

[8] 马克·斯蒂尔.珊瑚海1942:首次航母大对决[M].北京:海洋出版社,2015：11-12页,57页.

[9] 马克·斯蒂尔.圣克鲁斯岛1942:航母较量在南太平洋[M].

北京:海洋出版社,2015:42-44页.

[10] 吴纯光.世纪海战[M].沈阳:辽宁人民出版社,2014.

[11] 何国治.终极对决:美日马里亚纳航母大战[M].武汉:武汉大学出版社,2014:82-84页.

[12] 许思义.十大航母战[M].北京:海潮出版社,2013:25-26页,30页,35页,263页,310页.

[13] 王爱东.回望世纪之战(之九) 夜袭塔兰托[J].海洋世界,1998（11）:31-32页.

[14] 邹丕盛,宋家启. 高技术武器装备图库[M].北京:海潮出版社,1999:107页.

[15] 叶钦卿.点中死穴让你发蒙——夜袭塔兰托[J].海洋世界,2003（03）:41-42页.

[16] 刘志坚.坎宁安以弱胜强靠大脑[J].思维与智慧,2017（13）:14-15页.

[17] 海寓.是谁发明了航空母舰?——航母记忆之二:小试牛刀空袭塔兰托[J].中国海事,2013（3）:77-78页.

[18] 谢幕.战神之首——无敌航母秘密档案大全集[M].哈尔滨：北方文艺出版社,2003：150页,215页.

[19] 金刀.帝国的大洋决战海上作战[M].南京：凤凰出版社,2011:117-118页.

[20] 杨简.突袭塔兰托:舰载航空兵开山之作[N].中国国防报,2017-5-5（21）.

[21] 邓学之,汤家玉,等.马里亚纳海战[M].北京:外文出版社,2013:158-159页.

[22] 汤家玉.日本"联合舰队"覆灭记[M].北京:海潮出版

社,2013:201-203页,276-277页.

[23] 商金龙.大国海军[M].沈阳:白山出版社,2013.

[24] 张召忠.百年航母(上册)[M].广州:广东经济出版社,2012:25页,27页,37页.

[25] 金刀.帝国的大洋决战海上作战[M].南京:凤凰出版社,2011:117-118页.

[26] 房兵.大国航母[M].北京:长安出版社,2011.

[27] 刘怡. 联合舰队[M].武汉:武汉出版社,2010:390页.

[28] 现代舰船杂志社.世界航空母舰实录[M].北京:航空工业出版社,2009:44-45页,47-48页.

[29] 李杰.航母之路——海上"巨无霸"的发展、争论及思考[M].北京:海潮出版社,2009.03:99-101页,42-90页.

[30] 郭勇,胡茂斌.世界航母大决战[M].上海:上海人民出版社,2006:48页,56页,66页,43-44页,50-52页,58-59页,208页.

[31] 杨跃.航母征战[M].北京:国防大学出版社,2005:278页,281页,300页.

[32] 何常青.中外海军战役战例研究[M].北京:中国人民解放军海军指挥学院,2006:30-31页,33页.

[33] [日]津田美津雄,奥宫正武.中途岛海战[M].北京:商务印书馆,1979:161页,181-182页,206-207页.

[34] 王永生.中途岛大海战[M].北京:石油工业出版社,2014:200页,240页.

[35] 陈霖,姜义庆,肖菊.世纪之交话航母[M].北京:海潮出版社,2000:5-7页,12-13页,16页.

[36] 王校轩,左立平.航母与海战(第一部)[M].北京:海潮出

版社,2000:14-16页,26-27页,31页,44页,71页.

[37] 陈永平,李忠效.航母·航母:世界航空母舰大写意[M].北京:海潮出版社,1994:202页.

[38] 孙立华.海上巨无霸的海上封锁[J].海洋世界,2014.12.

[39] 彭希文,薛兴林.空袭与反空袭:怎样打[M].北京:中国青年出版社,2001.

[40] 陈永平.航母出击[M].北京:北京出版社,2014:230-244页,290页.

[41] 刘怡.海上堡垒——现代航母发展史[M].武汉:武汉大学出版社,2014:243页,300页.

[42] 海寓.是谁发明了航空母舰[J].中国海事,2013.03.

[43] 曹廷.马尔维纳斯群岛问题的历史与现状[J].国际资料信息,2012.

后　记

本书重点记述了自第二次世界大战以来，航空母舰作为核心主力，在多次重大海战中的突出表现和赫赫战功。作者不是历史学者，亦非军事专家，而是和广大读者朋友一样，对航空母舰的前世今生充满兴趣和好奇，是航空母舰的"热粉"。因此，本书不是历史学专著，亦非军事学权威著述，而是一群航空母舰爱好者希图通过通俗的笔触表达对航空母舰的热爱，希望为航空母舰的发展历史贡献一份绵薄之力而创作的，这对作者而言也是幸运并感欣慰的。

参与书稿撰写的有：胡长秀、张官亮、李波、陈静、孙晟、闫巍、陈晓峰、徐绿山、王涌、苏军茹、徐红梅、张立群、陈昆、张耀元、李静。本书在编写过程中，还得到国防大学出版社总编室主任冯国权大校的精心指导，并参考了众多专家、学者的思考结晶，在此一并致谢。

书中难免有不当之处，敬请读者朋友批评斧正。